30 Minuten
Organisationskultur

Rainer Krumm
Sonja Wittig

Externe Links wurden bis zum Zeitpunkt der Drucklegung des Buches geprüft. Auf etwaige Änderungen zu einem späteren Zeitpunkt hat der Verlag keinen Einfluss. Eine Haftung des Verlags ist daher ausgeschlossen.

Bibliografische Information der Deutschen Nationalbibliothek. Die Deutsche Nationalbibliothek verzeichnet diese Publikation in der Deutschen Nationalbibliografie; detaillierte bibliografische Daten sind im Internet über http://dnb.d-nb.de abrufbar.

ISBN 978-3-96739-216-6

Umschlaggestaltung: Zerosoft, Timisoara (Rumänien)
Umschlagkonzept: Buddelschiff, Stuttgart | www.buddelschiff.de
Lektorat: Silke Martin, Kriftel
Autor:innenfotos: Uwe Klössing, Ben Schulz & Partner AG
Satz und Layout: Zerosoft, Timisoara (Rumänien)
Druck und Bindung: Salzland Druck, Staßfurt

Ein Hinweis zu gendergerechter Sprache: Die Entscheidung, in welcher Form alle Geschlechter angesprochen werden, obliegt den jeweiligen Verfassenden.

Wir drucken in Deutschland.

www.gabal-verlag.de
www.gabal-magazin.de
www.twitter.com/gabalbuecher
www.facebook.com/gabalbuecher
www.instagram.com/gabalbuecher

PEFC-zertifiziert
Dieses Produkt stammt aus nachhaltig bewirtschafteten Wäldern und kontrollierten Quellen
www.pefc.de

Wir übernehmen Verantwortung! Ökologisch und sozial!

- Verzicht auf Plastik: kein Einschweißen der Bücher in Folie
- Nachhaltige Produktion: Verwendung von Papier aus nachhaltig bewirtschafteten Wäldern, PEFC-zertifiziert
- Stärkung des Wirtschaftsstandorts Deutschland: Herstellung und Druck in Deutschland

Wissen auf den Punkt gebracht

Dieses Buch ist so konzipiert, dass Sie in kurzer Zeit prägnante und fundierte Informationen aufnehmen können. Mithilfe eines Leitsystems werden Sie durch das Buch geführt. Es erlaubt Ihnen, innerhalb Ihres persönlichen Zeitkontingents (von 10 bis 30 Minuten) das Wesentliche zu erfassen.

Kurze Lesezeit

In 30 Minuten können Sie das ganze Buch lesen. Wenn Sie weniger Zeit haben, lesen Sie gezielt nur die Stellen, die für Sie wichtige Informationen beinhalten.

- Schlüsselfragen mit Seitenverweisen zu Beginn eines jeden Kapitels erlauben eine schnelle Orientierung: Sie blättern direkt zu dem Thema, das Sie besonders interessiert.
- **Zahlreiche Zusammenfassungen innerhalb der Kapitel erlauben das schnelle Querlesen.**
- Ein Fast Reader am Ende des Buches fasst alle wichtigen Aspekte zusammen.
- Ein Register erleichtert das Nachschlagen.

Inhalt

Vorwort

„Nicht das Geldkapital bestimmt den Inhalt und Wert eines Unternehmens, sondern der Geist, der in ihm herrscht!"

Der Mann, dem dieses Zitat zugeschrieben wird, ist Claude Dornier (1884–1969), Flugzeugkonstrukteur und Pionier der deutschen Luftfahrtindustrie. Was Dornier den „Geist" eines Unternehmens nannte, würden wir heute als Organisationskultur bezeichnen. Doch so schwer es ist, einen Geist zu fassen, so schwierig ist es auch, Organisationskultur zu erfassen und zu beschreiben. In diesem Buch versuchen wir es trotzdem. Sie erfahren auf den folgenden Seiten, was das abstrakte Konstrukt „Organisationskultur" grundsätzlich umfassen kann (Kapitel 1), welchem Muster die Entwicklung von Organisationskultur folgt und wodurch sich die sieben verschiedenen Kulturebenen im Kern auszeichnen (Kapitel 2). Schließlich erläutern wir, in welcher Form die sechs zentralen Gestaltungselemente Führung, Mitarbeitende, kollektive Fähigkeiten, Prozesse, Struktur und Strategie auf den einzelnen Kulturebenen typischerweise ausgeprägt sind (Kapitel 3).

Das Zusammenspiel der Kulturebenen und die entsprechenden Ausprägungen der Gestaltungselemente machen die Organisation wie ein „kultureller Fingerabdruck" einzigartig und unverwechselbar. Mit unserem Kulturradar auf Seite 52/53 haben Sie die Möglichkeit, die Kultur einer Organisation Ihrer Wahl ganz pragmatisch einzuschätzen und bildlich darzustellen. Gerne können Sie eine größere und farbige Version des Arbeitsblatts kostenlos herunterladen unter: www.9levels.com/kulturradar

Vergleichen Sie anschließend Ihr Ergebnisbild mit drei Beispielen aus unserer Praxis (Kapitel 4). So können Sie Ihr Bewusstsein für Organisationskultur anhand konkreter Fälle vertiefen und schärfen.

Schließlich hat schon der Management-Vordenker Peter Drucker (1909–2005), dem die viel zitierte Aussage „Culture eats strategy for breakfast!" zugesprochen wird, auf die immense Bedeutung von Kultur für die Erfolgschancen von Organisationen hingewiesen. Jede noch so durchdachte Strategie wird „weggefrühstückt", wenn sie von der Kultur nicht mitgetragen wird.

Wir wünschen Ihnen daher, dass Sie mit Ihren neuen Erkenntnissen zum „Geisterjäger" werden, die Kultur von Organisationen in Zukunft gut erfassen und erfolgreich bei Ihren Zielen berücksichtigen!

Herzlich
Rainer Krumm & Sonja Wittig

Der besseren Lesbarkeit halber haben wir uns dafür entschieden, soweit möglich geschlechtsneutrale Formulierungen zu verwenden und ansonsten weibliche Formen und männliche Formen in einem ausgewogenen Verhältnis abzuwechseln. Bitte fühlen Sie sich entsprechend Ihrer Identität angesprochen.

Woher kommt der Begriff „Organisationskultur“ und wie hat er sich entwickelt?

Seite 10

Was umfasst der Begriff „Organisationskultur“ genau?

Seite 12

Wie entscheidend ist Kultur für den Erfolg von Organisationen?

Seite 20

1. Bedeutung von Organisationskultur

„Je Kultur, desto Gewinn!", schrieb das manager magazin 2021[1]. Auch die Vorstände von Unternehmen weltweit messen Organisationskultur eine große Bedeutung bei: 82 Prozent von ihnen bezeichnen „Werte und Kultur" als erfolgskritischen Faktor (Heidrick & Struggles, 2021, S. 5).

Während über die immense Bedeutung von Kultur für die Zukunfts- und wirtschaftliche Leistungsfähigkeit von Organisationen heute weitgehend Einigkeit zu herrschen scheint, besteht gleichzeitig Uneinigkeit darüber, was der Begriff „Organisationskultur" an sich eigentlich genau bedeutet. Einige Definitionen beziehen sich vor allem auf „unter der Oberfläche" liegende Aspekte wie Normen, während andere insbesondere auf „sichtbare" Themen wie den obligatorischen Tischkicker und Sitzsäcke in „New Work"-Companies abzielen. Manche sehen sie als etwas relativ Stabiles an, andere heben hingegen ihren dynamischen Charakter hervor. Auch gibt es Ansätze, die Organisationskultur vor allem deskriptiv so beschreiben, wie sie ist, während andere sich normativ darauf konzentrieren, wie sie sein sollte.

Diese Vielfalt und Komplexität des Begriffs Organisationskultur hat ihre Berechtigung – denn je nachdem, mit welchem Ziel Organisationskultur betrachtet wird, kann mal die eine und mal die andere Perspektive hilfreich sein. Wichtig ist also vor allem, dass Kultur immer mitbedacht wird, wenn es um Organisationen geht!

1.1 Ursprung des Begriffs

Woher kommen Gemeinsamkeiten und Unterschiede zwischen den Mitgliedern verschiedener sozialer Gruppen? Wie lassen sich diese Unterschiede beschreiben und kategorisieren? Solche Fragen sind klassischer Forschungsgegenstand der Kulturanthropologie. Als Teilgebiet der Anthropologie (der Wissenschaft vom Menschen) beschäftigt sie sich seit über 100 Jahren zunächst ausschließlich mit nationalen Kulturen und ihren Subkulturen.

Übertragung auf Organisationsstrukturen

Erst in den 1960er-Jahren fand der Kulturbegriff auch Eingang in die Management- und Organisationstheorie. Insbesondere der Organisationspsychologe Edgar Schein hat zur Entwicklung des Konzepts von Organisationskultur beigetragen. Für ihn ist Kultur ein tiefgreifendes Phänomen, das über Nationalkulturen hinaus das Verhalten von Menschen in Organisationen beeinflusst. Nicht nur in verschiedenen Ländern und Regionen, sondern auch im organisationalen Kontext gibt es gemeinsame Werte und Grundannahmen, die das Denken und Verhalten des Einzelnen sowie die Gestaltung und Leistung von Organisationen insgesamt stark beeinflussen.

Eingang in die Managementpraxis

Seit den 1980er-Jahren ist der Kulturbegriff auch fester Bestandteil der Managementpraxis. Die Bedeutung von Kultur für das Erreichen von Organisationszielen wurde zunehmend erkannt. Ausgehend von der Annahme, dass der Mensch einerseits durch Kultur geprägt wird und andererseits gleichzeitig ihr eigener Schöpfer ist, rückte zunehmend die bewusste Beschreibung und Entwicklung von Kultur im Sinne der Unternehmensziele in den Fokus.

Allmähliche Entwicklung zum etablierten Konzept

Zusammenfassend lässt sich sagen, dass der Begriff „Organisationskultur" nicht von einer einzelnen Person geprägt wurde, sondern sich im Laufe der letzten Jahrzehnte allmählich als festes Konzept innerhalb der Organisations- und Managementtheorie herausgebildet hat. Während „Unternehmenskultur" und „Organisationskultur" häufig synonym verwendet werden, nutzen wir bewusst den umfassenderen Begriff „Organisationskultur" – denn die meisten Kulturphänomene sind nicht nur in klassischen Wirtschaftsunternehmen, sondern auch in Vereinen, Verbänden, Non-Profit-Organisationen, staatlichen Institutionen etc. anzutreffen.

Kulturelle Herausforderungen

Für all diese Organisationen stellt beispielsweise der Umgang mit kultureller Vielfalt heute eine große Herausforderung dar. Kürzer werdende Organisationszugehörigkeiten und zunehmende Heterogenität der beteiligten Personen erfordern Ansätze und Maßnahmen, wie die unterschiedlichen kulturellen Hintergründe der Einzelnen in eine gemeinsame Organisationskultur integriert werden können.

Zunehmende Flexibilität nötig

Auch fordert die sich immer schneller wandelnde Welt ein Höchstmaß an Flexibilität, Innovations- und Anpassungsfähigkeit von Organisationen. Die Organisationskultur spielt eine wichtige Rolle bei der Schaffung eines Umfelds, das diese Eigenschaften fördert.

Die Kulturanthropologie untersucht Gemeinsamkeiten und Unterschiede zwischen Mitgliedern sozialer Gruppen. Zunächst vor allem auf nationale Kulturen und Subkulturen bezogen, wurde der Kulturbegriff seit den 1960er-Jahren mit dem Aufkommen der Organisationspsychologie zunehmend auf Organisationen erweitert. Heute ist er fester Bestandteil der Organisations- und Managementtheorie wie auch ihrer Praxis.

1.2 Sichtbare und verdeckte Aspekte von Kultur

„Die Spitze des Eisbergs“ – nach dieser Redewendung ist nicht nur eine Folge der Serie „Raumschiff Enterprise“ benannt, sie wird auch gerne bei Bekanntwerden von öffentlichen Skandalen jeglicher Art oder natürlich in Zusammenhang mit dem Unglück der Titanic im Jahr 1912 verwendet. Sie alle beziehen sich darauf, dass von einem Phänomen wie bei einem Eisberg oft nur ein sehr kleiner Teil erkennbar und augenfällig ist, während der viel größere Teil im Verborgenen bleibt.

Eisbergmodell der Kultur

Diese Unterteilung in „sichtbare“ Aspekte wie Handlungen und Verhalten einerseits und darunter liegende „unsichtbare“ Elemente wie Werte und Einstellungen griff der US-amerikanische Anthropologe und Ethnologe Edward T. Hall (1914–2009) mit seinem bekannten Eisbergmodell der Kultur auf.

Mit ihm unterteilt er Kultur in **zwei Schichten**:

- Einerseits in eine explizite und klar beschreibbare **Sachebene**, die z. B. Verhalten und Ziele umfasst.
- Andererseits in eine nicht explizite und deutlich größere **Beziehungsebene**, der er zum Beispiel Werte, Motive, Bedürfnisse, Annahmen etc. zuordnet.

Ursprungsmodell von Edgar H. Schein

Das Eisbergmodell von Hall wurde später von Edgar H. Schein (1928–2023), dem Mitbegründer der Organisationspsychologie, weiterentwickelt. Sein Ansatz ist weltweit einer der bekanntesten und anerkanntesten, auch wenn heute verschiedene Varianten des Modells mit unterschiedlichen Bezeichnungen im Internet und der Literatur kursieren. Im Folgenden beziehen wir uns auf die Beschreibung des Modells durch Schein selbst in seinem Buch „Organisationskultur“ (2003):

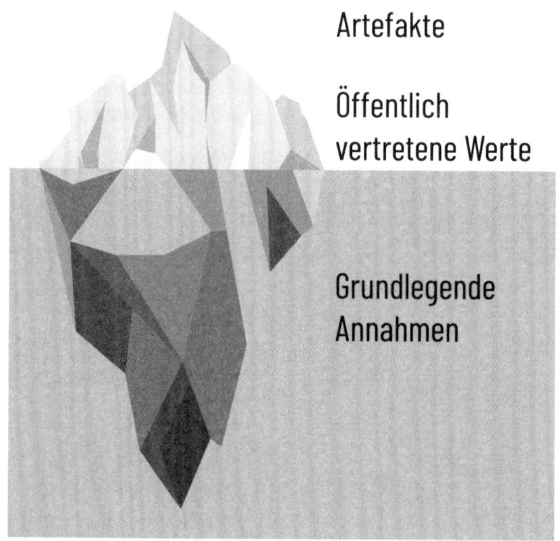

Abb. 1: Artefakte, öffentlich vertretene Werte und grundlegende Annahmen als sichtbare und verdeckte Aspekte von Organisationskultur

Das folgende Beispiel veranschaulicht die drei Aspekte von Organisationskultur und ihr komplexes Zusammenwirken:

Stellen Sie sich vor, Sie sind auf dem Weg zu einem beruflichen Kooperationspartner. Sie haben das Thema gerade erst von einer Kollegin übernommen und freuen sich auf ein persönliches Kennenlernen. Sie reisen mit dem Auto an, möchten in der Nähe des Eingangs parken und stellen fest, dass es dort sogar einige explizit gekennzeichnete Besucherparkplätze gibt. Auch eine ganze Reihe von Elektrotankstellen sind vorhanden. Das Hauptgebäude zeich-

net sich durch eine moderne Architektur mit hochwertigen Materialien aus: viel Glas, Edelstahl, klare Linien. Da Sie sich vorab über das digitale Empfangssystem registriert haben, erhalten Sie an einem Automaten schnell und unkompliziert Ihren Besucherausweis.

Sichtbare Elemente

In diesem Absatz sind Sie bereits einer ganzen Reihe an Kulturartefakten begegnet: unter anderem den E-Ladestationen, der Gestaltung der Eingangshalle und dem digitalisierte Empfangsprozess. Als offensichtlichste Ebene von Kultur sind Artefakte alle Organisationselemente, die man sehen, hören und spüren kann (vgl. Schein 2003, S. 32). Sie sind also sehr deutlich erleb- und klar beschreibbar.

Emotionale Wirkung

Oft haben sie auch eine unmittelbare emotionale Wirkung: So könnten Sie sich z. B. von der kathedrahlenhohen Eingangshalle eingeschüchtert fühlen oder vom hochmodernen Check-in-Prozess positiv beeindruckt sein. Es fehlen jedoch genaue Informationen darüber, *warum* die Artefakte so sind, wie sie sind. So kann beispielsweise nur vermutet werden, warum ein digitales Empfangssystem installiert wurde und Besucherinnen und Besucher nicht persönlich von Empfangspersonal begrüßt werden. Möchte die Organisation vielleicht ganz besonders innovativ und „am Puls der Zeit“ erscheinen? Eine Antwort auf diese Frage kann ein genauerer Blick auf einen tieferliegenden Aspekt von Kultur geben:

Sie scannen Ihren Besucherausweis, passieren ein Drehkreuz und stehen in einer weiteren Halle mit sechs großen Aufzügen. Automatisch wird erkannt, dass Sie in die 8. Etage müssen, und Sie betreten einen sich prompt öffnenden Fahrstuhl. „Herzlich willkommen! Sie werden auf Ihrer Zieletage erwartet", begrüßt Sie eine Stimme aus dem Off. Ihr Blick fällt sofort auf einen großen Bildschirm, auf dem sich in schneller Folge kurze Informationstexte mit Erfolgsmeldungen abwechseln: „Neue Partnerschaft eröffnet weitere Absatzmärkte in MEA" oder „Ausgezeichnet: Forschungspreis für wegweisendes Patent". An den Wänden des Aufzugs befinden sich außerdem vier stylishe Stahlplaketten, auf denen die Werte des Unternehmens eingraviert sind:

- *Leistung und Exzellenz*
- *Innovation und Fortschritt*
- *Kundennähe und Augenhöhe*
- *Selbstverantwortung und Eigeninitiative*

Öffentlich kommunizierte Werte

Edgar Schein nennt solche Werte die öffentlich vertretenen Werte einer Organisation. Sie sind explizit formuliert und werden nach außen hin dargestellt und betont. Man findet sie auf Websites, in Werbematerialien, in sozialen Medien und oft auch im Eingangsbereich und anderen stark frequentierten Räumlichkeiten von Organisationen. Sie repräsentieren das, was die Organisation als wichtig und erstrebenswert darstellen möchte und wie sie selbst gerne charakterisiert werden will. Häufig sind Artefakte in einer Organisation bewusst so gestaltet, dass sie den öffentlich vertretenen Werten der Organisation entsprechen und diese verstärken.

Wenn eine Organisation wie die in unserem Beispiel als innovativ und fortschrittlich wahrgenommen werden will, ist es sinnvoll, den Check-in-Prozess effizient und mit modernster Technik zu gestalten.

Wie aber ist es dann zu erklären, dass das, was Sie nun erleben, so gar nicht zu den Werten passt, die im Aufzug präsentiert werden?

Sie kommen im 8. Stock an. Die Fahrstuhltüren öffnen sich, aber niemand ist da. Links und rechts sehen Sie nur lange Flure. „Hallo?", rufen Sie und wenden sich einfach mal nach links. Sie klopfen an die erste offene Bürotür und fragen nach Ihrem Ansprechpartner. „Da kann ich Ihnen nicht helfen, den habe ich heute auch noch nicht gesehen", wird Ihnen geantwortet. Sie holen Ihr Handy aus der Tasche und rufen Ihren Kontakt an, der sich zwar entschuldigt, aber gleichzeitig deutlich macht, dass Sie es sind, der fünf Minuten zu früh ist. Im Besprechungsraum lässt Sie Ihr Gesprächspartner kaum zu Wort kommen. Statt wie erwartet gemeinsam über bisher Erreichtes und Optimierungspotenziale der Zusammenarbeit zu sprechen, hören Sie sich an, dass Ihr Kooperationspartner seinen bisherigen Beitrag als erfüllt ansieht, „der Vertrag ja noch drei Jahre läuft und man daher gut so weitermachen kann". Ein Danke, einen Hinweis, „dass Sie alles Weitere ja mit den Sachbearbeitern klären können" und einen Handschlag später verlassen Sie das Firmengelände mit einem Gefühl der Frustration und den vielen Gedanken und Ideen, die Sie nicht einbringen konnten.

Unbewusste Überzeugungen

Diese Irritation lässt sich gut mit dem elementarsten Aspekt von Kultur verstehen, den „grundlegenden Annahmen". Als implizite Überzeugungen beeinflussen sie das Denken, die Wahrnehmung und das Verhalten der Mitglieder einer Organisation. Sie bilden das Fundament der Organisationskultur und sind schwer explizit zu machen, da sie vor allem auf unbewussten Werten, Überzeugungen und Prägungen beruhen.

Reflexion der Firmenhistorie

Um sich ihnen zu nähern, hilft oft ein Blick in die Geschichte der Organisation: Welche Werte, Überzeugungen und Annahmen prägender Persönlichkeiten haben die Organisation in ihrer Geschichte erfolgreich gemacht? In unserem Beispiel könnte es sein, dass die Organisation lange Zeit gerade durch hierarchische Rollenverteilung und ausführende Tätigkeiten erfolgreich war – was von vielen Mitarbeitenden auch heute noch überwiegend praktiziert wird, obwohl im Aufzug anderes verkündet wird.

Der Blick unter die Oberfläche

Unabhängig davon, welche Werte ein Unternehmen öffentlich vertritt, bestimmen also die grundlegenden Annahmen, wie innerhalb der Organisation die Dinge wahrgenommen werden, wie bewertet und gehandelt wird. Wer sich mit der Kultur von Organisationen befasst und ihren Erfolg sichern oder ausbauen möchte, sollte sich deshalb nicht nur auf das Offensichtliche konzentrieren. Um auf das Bild des Eisbergs vom Anfang dieses Kapitels zurückzukommen: Nach dem Unglück der Titanic 1912 wuchs das Bewusstsein für die Gefahren, die nicht nur über, sondern auch unter der Wasseroberfläche für die Schifffahrt lauern. Um die Ursachen der Kollision aufzuklären, wurde an und über Eisberge geforscht und 1914 die Internationale Eispatrouille gegründet. Als Gesellschaft zur Überwachung von Eisbergen im Nordatlantik sorgt sie bis heute unter anderem dafür, die Gefahren von Eis für die Schifffahrt zu verringern. Diese Analogie hilft, zu verstehen, wie wichtig es ist, neben den sichtbaren auch die verdeckten Aspekte von Kultur wahrzunehmen. Es wäre fahrlässig, die Tiefebenen unbeachtet zu lassen, will man kein Leck im „Organisationsschiff" riskieren.

Selbstreflexion
Überlegen Sie bitte kurz für sich selbst:

- Welche sichtbaren Artefakte von Kultur in Organisationen sind Ihnen in den letzten Tagen begegnet?
- Welche Beispiele für öffentlich vertretene Werte einer Organisation kennen Sie?
- Erleben Sie diese öffentlich vertretenen Werte als stimmig und im organisationalen Alltag gelebt?
- Welche grundlegenden Annahmen könnte es geben, die Sie zu diesem Eindruck führen?

Der Organisationspsychologe Edgar Schein beschreibt drei Aspekte, die alle zur Organisationskultur gehören, aber unterschiedlich sichtbar bzw. verborgen sind. Auf der beobachtbaren Ebene finden sich Artefakte wie z. B. Aushänge, Arbeitskleidung oder Architektur. Ebenfalls sichtbar sind öffentlich vertretene Werte, wie sie z. B. auf der Website

einer Organisation beschrieben sind. Kulturell am tiefsten verankert sind grundlegende Annahmen, die sich aus weitgehend unbewussten Werten und Überzeugungen speisen.

1.3 Erfolg durch Organisationskultur

Was kommt zuerst: Organisationskultur oder Erfolg? Wissenschaft und Forschung sind sich darüber einig, dass beides eng miteinander verbunden ist. Finanzieller Gewinn, Wachstum, Innovationsfähigkeit und viele weitere Faktoren stehen in einem positiven Zusammenhang mit Organisationskultur. Aber wie genau hängen sie zusammen? Was ist Ursache, was ist Wirkung?

Leistung durch Kultur

Genau dieses Henne-Ei-Problem versuchten die Forschenden Boyce et al. (2015) zu lösen. Sie erhoben über einen Zeitraum von sechs Jahren die vollständigen Daten z. B. zu Absatzzahlen und Kundenzufriedenheit von 95 Franchise-Autohäusern, die alle Fahrzeuge desselben Händlers verkauften und warteten. So konnten sie nachweisen, dass es tatsächlich einen kausalen Zusammenhang gibt: Kultur bedingt Leistung! Ihre Studie zeigt eindeutig, dass auf Basis der Kultur die Kundenzufriedenheit und der Fahrzeugabsatz vorhergesagt werden kann.

Kultur muss individuell passen

Nun wäre es natürlich sehr hilfreich zu wissen, was genau Organisationen tun sollten, um durch Kultur erfolgreicher zu werden. Vielleicht gibt es ja so etwas wie einen Masterplan? Auch das haben Forschende versucht herauszufinden. Mahfouz und Muhumed (2020) interessierte zum Beispiel, ob es eine bestimmte Art von Kultur gibt, die den positivsten Zusammenhang mit der Leistung einer Organisation aufzeigt. Sie werteten Daten aus verschiedenen wissenschaftlichen Studien aus und kamen zu dem Schluss, dass es so einfach nicht ist: Es gibt nicht die eine Form von Organisationskultur, die quasi als Patentrezept immer zu gesteigertem Erfolg führt. Vielmehr kommt es darauf an, wie gut die Organisationskultur zu den unterschiedlichen internen und externen Faktoren passt.

Kultur befördert Erfolg

Was kann eine Organisation nun also konkret tun, um erfolgreicher zu sein? Tony Hsieh (1973–2020), Internet-Unternehmer und unter anderem ehemaliger CEO von Zappos (ein Online-Händler für Schuhe und Bekleidung) meinte dazu: „Our whole belief is that if you get the culture right, most of the other stuff (...) will just happen naturally on its own." Frei übersetzt heißt das: „Wir sind davon überzeugt, dass, wenn die Kultur stimmt, die meisten anderen Dinge (...) einfach von selbst passieren." Dementsprechend war einer der wichtigsten Grundsätze von Zappos, dass Arbeit Spaß machen muss. Besonderes Augenmerk lag auf dem Auswahlprozess von Bewerberinnen und Bewerbern.

Passungstest
Am Ende des Einstellungsprozesses bot Zappos dem Bewerber mehrere Tausend Dollar an, wenn er auf den Job verzichtete. So sollte sichergestellt werden, dass sich neue Mitarbeitende bewusst für Zappos entscheiden und wirklich zur Firmenkultur passen. Der Erfolg gibt Hsieh recht: Unter seiner Führung steigerte sich der Umsatz von Zappos in weniger als zehn Jahren von circa einer Million auf eine Milliarde.

Die eigene Kultur bewusst entwickeln
Eine stimmige Organisationskultur ist also ein grundlegender Faktor für den Erfolg von Organisationen. Erst eine starke Kultur schafft das Fundament für stabile Leistung. Jede Organisation muss sich jedoch selbst damit auseinandersetzen, welche Kultur zu ihren konkreten Zielen, ihrem eigenen Markt- und Produktumfeld und ihren speziellen Mitarbeitenden passt. Dieser Weg ist nicht leicht, aber erwiesenermaßen lohnt er sich!

Organisationskultur hat eine zentrale Bedeutung für den Erfolg von Unternehmen: Studien zeigen, dass eine gute Kultur zu besserer Performance führt. Wer sich mit Organisationskultur bewusst auseinandersetzt und sie aktiv gestaltet, trägt entscheidend dazu bei, dass eine Organisation ihre Herausforderungen meistern und zukunftsfähig bleiben kann.

- Seit den 1980er-Jahren ist Organisationskultur ein wichtiger Teil der Managementpraxis, um sich kontinuierlich an eine sich immer schneller wandelnde Welt anzupassen.
- Dabei müssen verschiedene Aspekte von Organisationskultur unterschieden werden: von wahrnehmbaren Artefakten über die öffentlich vertretenen Werte bis hin zu verdeckten Annahmen, die entscheidend mitbestimmen, wie in der Organisation gedacht, bewertet und gehandelt wird.
- Es gibt keine universelle Organisationskultur, bei der Erfolg vorprogrammiert ist. Jede Organisation muss für sich selbst bestimmen, welche Art von Organisationskultur zu ihren spezifischen Herausforderungen passt.

Welchem Muster folgt die Entwicklung von Werten und Kultur?

Seite 26

Wodurch zeichnen sich die verschiedenen Ebenen aus?

Seite 29

Wie kann die Entwicklungsdynamik der Ebenen zur Kulturgestaltung genutzt werden?

Seite 40

2. Ebenen von Organisationskultur

Wie unterscheidet sich die Kultur einer Organisation, in der es feste, weitgehend leistungsunabhängige Tarifverträge gibt, von einer, in der alle Mitarbeitenden ihr Gehalt individuell mit der Führungskraft aushandeln? Warum sind transparente und kollegial vereinbarte Entlohnungen für manche Organisationen stimmig, während andere dafür noch nicht „reif" sind?

Tarifverträge, fest verhandelte Gehälter und kollegiale Entlohnungsmodelle sind – wie Sie aus dem letzten Kapitel wissen – „nur" Artefakte, die mehr oder weniger zu den öffentlich vertretenen Werten und grundlegenden Annahmen einer Organisation passen können. Diese drei Aspekte von Kultur allein bieten jedoch keine Möglichkeit, die Kultur verschiedener Organisationen in einem übergeordneten Modell zu verorten und zu vergleichen. Ebenso wenig lassen sich daraus Hypothesen über vergangene oder zukünftige Entwicklungen einer Organisationskultur ableiten.

Es bedarf daher ergänzend eines vertiefenden Ansatzes, der es erlaubt, Muster von Gleichheit oder Unterschiedlichkeit zwischen verschiedenen Artefakten, öffentlichen Werten und Grundannahmen zu erkennen. Auch wären Bezeichnungen hilfreich, die diese Muster klar benennen, sodass trotz der Abstraktheit des Kulturbegriffs ein Austausch und eine Diskussion über Kultur möglich werden. Mit den verschiedenen Ebenen von Organisationskultur nach Prof.

Graves stellen wir Ihnen in diesem Kapitel einen solchen Ansatz vor.

2.1 Die Kulturebenen nach Graves

Wie entwickeln sich Werte? Diese Frage stand im Mittelpunkt der Forschungsarbeit von Clare W. Graves (1914–1986). Über 20 Jahre Forschung brachten den Psychologieprofessor zu dem Schluss, dass Werte nicht starr sind. Vielmehr sind einige zu einem bestimmten Zeitpunkt unserer Entwicklung relevant, zu einem späteren Zeitpunkt jedoch nicht mehr.

Neun Kulturebenen mit zugehörigen Werten

Graves' Modell der Entwicklung und Reifung von Werten – auch unter dem Namen „Spiral Dynamics" bekannt und weltweit anerkannt – spielt heute in der Theorie und Praxis rund um das Thema Organisationskultur eine wichtige Rolle. Es beschreibt allgemeingültige Entwicklungsmuster, die aufzeigen, wie sich Werte aus einem inneren oder äußeren Veränderungsdruck heraus entwickeln. So wie ein Kleinkind erst robben und krabbeln muss, bevor es sich hinstellen und laufen lernen kann, so vollzieht sich auch die Veränderung von Werten stufenweise. Im Zentrum des Graves-Modells stehen insgesamt neun solcher „Stufen", auch „Level" genannt. Jedes Level hat eine neutrale Farbbezeichnung und beinhaltet kennzeichnende Werte, die auf dieser Ebene als richtig und wichtig erachtet werden:

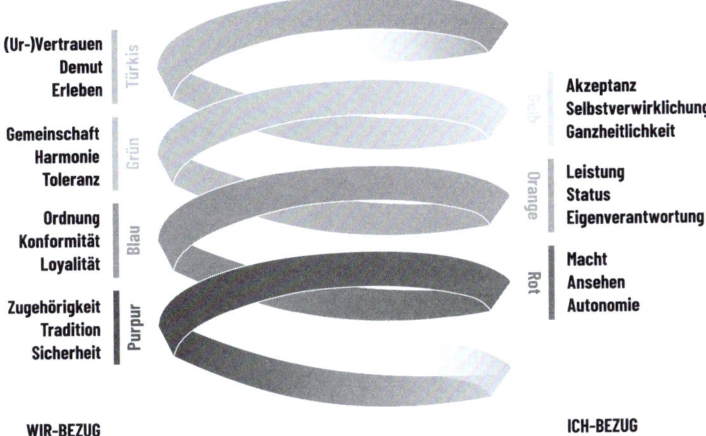

Abb. 2: Die Kulturebenen nach Prof. Clare W. Graves mit kennzeichnenden Werten aller Level

Werte als Grundlage von Kultur

Werte sind ein zentrales Element der grundlegenden Annahmen und bilden damit das Fundament jeder Kultur. Weil Werte und Kultur so eng miteinander verbunden sind, lassen sich die Muster der Werteentwicklung von Individuen auch auf die Kultur von Gruppen und Organisationen übertragen – schließlich sind es letztlich einzelne Menschen, die auf der Basis dessen, was ihnen im wahrsten Sinne des Wortes wertvoll ist, in ihrem Miteinander eine Kultur erschaffen.

Sieben relevante Werteebenen

Im Folgenden stellen wir Ihnen die einzelnen Level näher vor und geben jeweils ein konkretes Beispiel, wie sich das Level über Artefakte oder öffentlich vertretene Werte einer Organisation manifestieren kann. Dabei beschränken wir uns jedoch (wie Abb. 2 schon andeutet) auf sieben der neun Werteebenen.

Zwei Level sind hier nicht relevant:

- **Beige:** Dieses 1. Level beschreibt die fundamentalste Ebene von Leben und Bewusstsein. Im Kern geht es um Grundbedürfnisse wie Überleben, Schutz und Fortpflanzung. Da es auf der Ebene von Beige um den einzelnen Menschen geht und noch kein bewusstes Wertesystem existiert, ist das Level für Organisationskultur nicht relevant und wird von uns nicht weiter betrachtet.
- **Koralle:** Als Graves zum Thema Werte forschte, gab es das 9. Level Koralle noch gar nicht. Die Ebene mit ihrer Farbbezeichnung wurde von seinen ehemaligen Studenten Christopher Cowan und Don Beck geprägt, die die Arbeiten von Graves aufgriffen und weiterentwickelten. Aktuell repräsentiert Koralle eine hypothetische Werteebene jenseits des 8. Levels Türkis. Es gibt daher noch keine klaren Werte, die diesem Level zugeordnet werden können. Das Modell lässt vermuten, dass Werte aus dem Level Rot wieder aufgegriffen werden könnten, jedoch auf einer übergeordneten und reiferen Ebene. Für den Moment bleibt Koralle aber ein theoretisches Konstrukt, das erst in Zukunft an Relevanz gewinnen wird.

Bitte behalten Sie bei den folgenden Beschreibungen der Level Purpur, Rot, Blau, Orange, Grün, Gelb und Türkis schon einmal im Kopf, dass die Ebenen des Modells absolut gleichwertig sind, kein Level ist an sich besser oder schlechter.

Clare W. Graves erforschte die stufenweise Entwicklung von Werten. Jedes Level umfasst zentrale Werte, die auf dieser Ebene für richtig und wichtig befunden werden. Sie sind mit den neutralen Farbbezeichnungen Beige, Purpur, Rot, Blau, Orange, Grün, Gelb, Türkis und Koralle benannt. Da die Entwicklungsmuster der Werte von Individuen auch auf Gruppen und Organisationen übertragbar sind, hat das Graves-Modell einen festen Platz in der Theorie und Praxis von Organisationskultur.

2.2 Die sieben Kulturebenen und ihre Kernwerte

Sind auf dem Level Beige die elementarsten Grundbedürfnisse des Einzelnen gesichert, wird ein Zusammenschluss mit anderen möglich und sinnvoll.

Purpur: Zugehörigkeit, Tradition, Sicherheit

Das Level Purpur zeichnet sich durch die gemeinschaftsorientierten Werte Zugehörigkeit, Tradition und Sicherheit aus:

- **Zugehörigkeit** bezeichnet die Wichtigkeit von langfristiger Verbundenheit und Identifikation mit einer Gruppe.

Die Gemeinschaft als Ganzes ist wichtiger als die einzelnen Mitglieder. Sozialer Zusammenhalt, gegenseitige Unterstützung und ritualisierte Praktiken sind von hoher Bedeutung.

- **Tradition** meint die Anerkennung und das Festhalten an überlieferten Praktiken und kulturellem Erbe. Wichtig sind ein verlässlicher Rahmen für den Alltag, Kontinuität und das Festhalten an Bewährtem der eigenen Gruppe.
- **Sicherheit** bezeichnet das Streben nach Schutz vor physischen und psychischen Gefahren. Ein Gefühl von Stabilität und Geborgenheit wird angestrebt.

Beispiel Purpur: TRIGEMA

Um ein nach Purpur ausgerichtetes Leben und Arbeiten zu ermöglichen, braucht es auf diesem Level eine zentrale Person ähnlich einem „Stammesoberhaupt". Wie ein „Patriarch" – im Sinne des griechischen Wortstamms „Urvater" oder „Stammvater eines Geschlechts" – hält er oder sie die Gemeinschaft zusammen. In Organisationen kommt diese Rolle häufig der Inhaberin oder dem Vorsitzenden zu. Ein gutes Beispiel für ein Unternehmen, das purpurne Werte hoch achtet, ist TRIGEMA, nach eigenen Angaben Deutschlands größter Hersteller von Sport und Freizeitbekleidung. Auf seiner Website nennt TRIGEMA als höchsten Wert die „Gemeinschaft als Betriebsfamilie". Wie in einer richtigen Familie gehört man „ohne Wenn und Aber" dazu. Seit 1969 gibt es weder Kurzarbeit noch betriebsbedingte Entlassungen. Allen Kindern der 1.200 Mitarbeitenden wird nach ihrem Schulabschluss ein Ausbildungs- oder Arbeitsplatz garantiert.[2]

Rot: Ansehen, Macht, Autonomie

Das Wesen purpurner Werte ist ein- und unterordnend. Wenn es wichtiger wird, nicht mehr „ein Teil des Ganzen", sondern „an der Spitze des Ganzen" zu sein, wird das Level Rot mit seinen egobezogenen Kernwerten Ansehen, Macht und Autonomie attraktiv:

- **Ansehen** spiegelt die Bedeutung von Anerkennung, Bewunderung und einem bleibenden Eindruck bei anderen wider. Es wird ein hoher sozialer Status angestrebt und es besteht der Wunsch, für bedeutsame und heroische Taten anerkannt und gefeiert zu werden.
- **Macht** steht für das Streben nach Kontrolle und Herrschaft über das Eigene und das Andere. Es ist wichtig, Einfluss zu nehmen, die Dinge und andere Menschen zu steuern und zu kontrollieren; oft durch Durchsetzungsvermögen und Autorität.
- **Autonomie** betont die Wichtigkeit der unbedingten eigenen Freiheit. Frei und unabhängig handeln zu können, ist erstrebenswert.

Beispiel Rot: Bild-Zeitung

Die Bild-Zeitung aus dem Axel-Springer-Verlag ist einerseits die auflagenstärkste Tageszeitung in Deutschland und erhält andererseits seit Jahrzehnten mit Abstand die meisten Rügen des Presserats[3]. Die Auflage scheint oft wichtiger zu sein als das Achten der Persönlichkeitsrechte derer, über die berichtet wird – ein gutes Beispiel dafür, wie sich „rote" Werte im Denken, Handeln und in den Ergebnissen von Organisationen niederschlagen können.

Blau: Ordnung, Konformität, Loyalität

Die Kernwerte des roten Levels pushen Menschen, Teams und Organisationen quasi ohne Rücksicht auf Verluste voran. Wenn die Erkenntnis reift, dass man mit anderen zusammen die Kräfte bündeln und noch mehr erreichen könnte als im Alleingang, folgt wieder eine Zuwendung zu anderen. Nun werden genaue Absprachen und Regeln wichtig – und damit Level Blau mit den zentralen Werten Ordnung, Konformität und Loyalität.

- **Ordnung** schätzt ein strukturiertes und vorhersehbares Umfeld mit klar definierten Vorgaben und Regeln. Das Einhalten dieser Regeln ist wichtig und bietet Sicherheit und Stabilität.
- **Konformität** betont die Bedeutung der Anpassung des Individuums an die Normen, Werte und Erwartungen einer Gruppe und ihrer Autorität. Da Anpassung für Harmonie sorgt und Konflikte vermeidet, entsteht eine homogene Gruppe, in der Abweichungen minimiert sind und kollektive Ziele Vorrang vor individuellen Bestrebungen haben.
- **Loyalität** versteht sich als die Bereitschaft, eigene Bedürfnisse und Wünsche zurückzustellen, um den Anforderungen und Zielen einer höheren Sache oder Autorität zu dienen. Es bedeutet auch, Härten zu ertragen und Lasten zu übernehmen, um einen Beitrag für die Gemeinschaft zu leisten, was als wichtig erachtet wird.

Beispiel Blau: Verwaltung & Traditionsunternehmen

Viele Regierungsbehörden, öffentliche Verwaltungen und traditionelle Großunternehmen weisen Artefakte auf, die darauf schließen lassen, dass blaue Werte zentraler Bestandteil der grundlegenden Annahmen der Organisation sind. Ein typisches Beispiel hierfür ist die klassische hierarchische Organisationsstruktur, die zeitlich, sachlich und sozial sehr stabil ist. Aktuelle Studien lassen vermuten, dass derzeit noch viele Organisationen im deutschen Wirtschaftsraum einen kulturellen Schwerpunkt auf dem blauen Level haben. Nach einer gemeinsamen Umfrage von Stepstone und Kienbaum aus dem Jahr 2016[4] gaben beispielsweise mehr als die Hälfte der ca. 15.000 befragten Fach- und Führungskräfte an, in einem hierarchisch strukturierten Unternehmen zu arbeiten. Im öffentlichen Dienst und bei Banken waren es jeweils rund 75 Prozent der Befragten. Selbst in Werbeagenturen oder der IT-Branche arbeiteten 40 Prozent und mehr innerhalb fester Weisungsketten.

Orange: Leistung, Status, Eigenverantwortung

Gibt es nicht einen effizienteren, schnelleren und überhaupt passenderen Weg als den, der „immer schon" gegangen wurde? Mit dieser Frage beginnt die Hinwendung zum Level Orange. Während in der blauen Wertewelt der Status quo sehr geschätzt und es als wichtig erachtet wird, diesen zu erhalten, wird nun das Ziel wichtiger als der Weg. „Höher, schneller, weiter" – das ist die Richtung, die Orange mit den Kernwerten Leistung, Status und Eigenverantwortung einschlägt.

- **Leistung** fokussiert sich auf das erfolgreiche Erreichen von gesetzten Zielen und das Meistern von Herausforderungen durch Kompetenz und Effektivität. Der persönliche Erfolg durch eigene Leistung ist wichtig.

- **Status** strebt die Verbesserung des eigenen Ranges durch Leistung und Erfolg an. Er wird als Spiegel des eigenen Beitrags gesehen und manifestiert sich in Einfluss und materiellem Wohlstand, welche erstrebenswert sind.
- **Eigenverantwortung** betont die persönliche Selbstverantwortung und Selbstbestimmung und strebt diese an. Wichtig ist, die eigenen Rechte, Bedürfnisse und Ziele in diesem Bewusstsein zu verfolgen, auch für die Konsequenzen einzustehen und sie zu tragen.

Beispiel Orange: Amazon

Organisationen, bei denen orange Werte fester Teil der grundlegenden Annahmen sind, legen Wert auf individuelle Leistung, Erfolg und das Erreichen von messbaren Ergebnissen. Ein gutes Beispiel hierfür ist Amazon: Erst 1994 gegründet, zählt es heute gemessen an seinem Umsatz zu einem der größten Unternehmen der Welt. Die Führungsprinzipien von Amazon[5] entsprechen genau dem, was „Orange" nach Graves im Kern ausmacht, z. B. „Ownership – Verantwortung übernehmen", „Insist on the Highest Standards – Immer höchste Maßstäbe anlegen", „Think Big – In großen Dimensionen denken", „Bias for Action – Aktiv handeln", „Have Backbone, Disagree & Commit – Rückgrat zeigen, eigene Meinungen vertreten und getroffene Entscheidungen mittragen" und „Deliver Results – Ergebnisse liefern".

Grün: Gemeinschaft, Harmonie, Toleranz

Hin zum Menschen und weg von dem ständigen Streben nach Wachstum! So lässt sich im Kern die Entwicklung vom

Level Orange zu Grün auf den Punkt bringen. Während die orangen Kernwerte Lust auf Vollgas machen, entschleunigt Grün. Mit den zentralen Werten Gemeinschaft, Harmonie und Toleranz geht es auf dieser Ebene vor allem darum, durch ein gutes Miteinander ins Ziel zu kommen – oder auch gar nicht oder zu einem ganz anderen Ziel, solange alle das Ergebnis mittragen.

- **Gemeinschaft** wünscht sich Zugehörigkeit, Verbundenheit und gegenseitige Achtung. Dabei ist es wichtig, jedem Mitglied der In-Group das Gefühl zu geben, wertgeschätzt und unterstützt zu werden.
- **Harmonie** schätzt friedliches Miteinander und Ausgeglichenheit untereinander in der In-Group. Das Wohlbefinden dieser Gemeinschaft und ihrer Mitglieder ist wichtig.
- **Toleranz** meint die Akzeptanz und das Wertschätzen von Diversität und individuellen Unterschieden innerhalb der In-Group. Gegenseitiger Respekt und die Wertschätzung verschiedener Perspektiven sind wichtig.

Beispiel Grün: Handelsunternehmen dm

Ein Beispiel für eine Unternehmerpersönlichkeit, die ihre Organisation mit viel „Grün" gestaltet hat, ist Götz Werner. Der Gründer des Handelsunternehmens dm stellte sich bereits in den 1970er-Jahren die Frage: „Sind die Kunden und Mitarbeiter für das Unternehmen da – oder das Unternehmen für sie?" Mit dem bekannten Credo „Hier bin ich Mensch, hier kauf ich ein" ist das Unternehmen heute mit fast 4.000 dm-Märkten in 14 europäischen Ländern[6] vertreten. In seiner Biografie „Womit ich nie gerechnet habe" ist nachzulesen, dass es bei Werner und dm Ende der 1980er- und in den 1990er-Jahren eine klare Hinwendung zum Level Grün gab. In dieser Zeit löste er die Pyramidenform des Organigramms auf und räumte den einzelnen Filialen z. B. bei der Neubesetzung von Stellen mehr und mehr Freiraum ein. Gemeinschaft wurde wichtiger als Umsatz. Statt „Finden Sie das richtig?“ stand die Frage „Fühlen Sie sich wohl?“ im Mittelpunkt.

Gelb: Selbstverwirklichung, Akzeptanz, Ganzheitlichkeit

Die Werteebenen, die Sie bisher kennengelernt haben, sind „Level des ersten Rangs“, bezogen auf die Dinge der eigenen Erfahrungswelt. In ihnen wird die Welt jeweils aus der eigenen Perspektive heraus betrachtet und für richtig angesehen. Die Ebenen ab Gelb sind „Level des zweiten Rangs“. Sie sind sozusagen Wiederholungen der Level des ersten Ranges, aber auf reifere und multiperspektivische Weise. Die Bedeutung und Relevanz der vorherigen Level werden erkannt, die Komplexität nimmt zu.

Das Level Gelb ist die Ebene Beige des 2. Ranges. Während es auf Beige um Körperbedürfnisse geht, stehen nun Sinnbedürfnisse im Vordergrund. Die Entwicklung von Grün nach Gelb wird angestoßen, wenn der Wunsch aufkommt, sich nicht mehr einer Gemeinschaft hinzugeben, sondern frei den eigenen Weg zu gehen – entsprechend der Kernwerte Selbstverwirklichung, Akzeptanz und Ganzheitlichkeit.

- **Selbstverwirklichung** betont die Wichtigkeit von Selbstbestimmung und persönlicher Freiheit, ohne das Wohl anderer zu beeinträchtigen. Jedes Einzelne wird in einem interdependenten Verhältnis zu anderem angesehen.

- **Akzeptanz** strebt die Wertschätzung von Vielfalt und den Grundsatz, Unterschiede als Bereicherung anzusehen und in konstruktiver und pluralistischer Weise mit ihnen umzugehen, an.
- **Ganzheitlichkeit** erachtet das Leben in all seinen Formen als wichtig, respektiert und schätzt es. Alles wird als miteinander verbunden und in systemischer Wechselwirkung zueinander stehend angesehen.

Beispiel Gelb: Holocracy-Ansatz nach Brian Robertson

Da sich die Kernwerte von Gelb nur schwer mit klassischen Organisationsformen vereinbaren lassen, ist Gelb quasi post-organisational: Es geht weniger um eine konkrete Organisation und deren Fortbestand an sich, als vielmehr um die Art und Weise von Zusammenarbeit, die im jeweiligen Moment als sinnvoll erachtet wird. Mit hoher Flexibilität und Anpassungsfähigkeit wird immer wieder neu auf aufkommende Themen, Umstände und Herausforderungen reagiert. Ein Beispiel dafür, wie sich das Level in organisationalen Gebilden zeigen kann, ist der seit 2009 (weiter-) entwickelte Holocracy-Ansatz nach Brian Robertson. Eine holokratische Organisationsform hat eine kreisbasierte Struktur mit Rollen als kleinstem Element. Ein Mitglied gehört nicht mehr klassisch einer Abteilung oder Gruppe an, sondern mehreren Kreisen und füllt dort verschiedene und möglicherweise auch sehr unterschiedliche Rollen aus. Das Grundkonzept der Holokratie ist unter einer offenen Lizenz verfügbar und wird kontinuierlich und kollektiv weiterentwickelt.[7]

Türkis: (Ur-)Vertrauen, Demut, Erleben

Das Level Türkis ist das Level Purpur des 2. Ranges. Statt der Zugehörigkeit zu einer klar definierten Gemeinschaft geht es nun darum, ein Teil des großen Ganzen zu sein. Statt einer zentralen Figur folgt Türkis dem Fluss der Dinge.

Wenn auf dem Level Gelb zunehmend weniger Sinn in der eigenen Selbstverwirklichung gesehen wird, folgt eine Hinwendung zu Türkis. Mit seinen Kernwerten (Ur-)Vertrauen, Demut und Erleben löst sich hier alles Individuelle auf und gibt sich dem Ganzen hin. Sie merken es vielleicht schon: Weil das Level entwicklungsgeschichtlich noch so neu ist, gibt es in unserer Sprache bisher nur ansatzweise passende Begrifflichkeiten für Türkis. Es ist eher ein Gefühl, für das es (noch?) kaum Worte gibt.

- **(Ur-)Vertrauen** bezeichnet die Wichtigkeit, das Leben anzunehmen, wie es ist, und sich dem Lauf der Dinge hinzugeben. Es wird die Haltung angestrebt, dass alles richtig war, wie es war, gut ist, wie es ist, und es werden wird, wie es soll.
- **Demut** akzeptiert die Begrenztheit menschlicher Erkenntnisfähigkeit. Es ist wichtig, dass es weder möglich noch nötig ist, alles über das Dasein zu verstehen und zu wissen.
- **Erleben** meint den hohen Wert des unmittelbaren, subjektiven und wertfreien Erfahrens der Welt. Das Eintauchen in den Moment mit all seiner fluiden Schönheit und Komplexität ist wichtig, nicht das Verstehen oder Beherrschen der Dinge.

Beispiel Türkis: Patagonia

Das Level Türkis ist die derzeit neueste Werteebene, für die es (wenn überhaupt) erst Ansätze für entsprechende Artefakte auf organisationaler Ebene gibt – sofern man bei wirklichem „Türkis" überhaupt noch von Organisationen im klassischen Sinn sprechen kann. Einen Schritt, der zumindest in Teilen zu diesem Level passt, hat Yvon Choinard im Jahr 2022 vorgenommen: Er verschenkte sein etwa drei Milliarden schweres Outdoor-Unternehmen „Patagonia" vollständig an ein Stiftungskonstrukt, damit künftig alle Gewinne in den Kampf gegen die Klimakrise fließen und die Erde der wichtigste und einzige Stakeholder der Organisation ist. Choinard begründete seinen bisher seinesgleichen suchenden Weg mit den Worten: „If we have any hope of a thriving planet (...) it is going to take all of us doing what we can with the resources we have." Übersetzt heißt das: „Wenn wir auf einen blühenden Planeten hoffen wollen (...), müssen wir alle das tun, was wir mit den uns zur Verfügung stehenden Ressourcen tun können." [8]

Die sieben Werteebenen nach Clare W. Graves entwickeln sich stufenweise. Jede neue Werteebene ist die Antwort auf eine Herausforderung der vorherigen Ebene. Die kennzeichnenden Werte wandeln sich mit jedem Level von fundamentalen Themen wie Zugehörigkeit und Sicherheit auf Purpur bis hin zu (Ur-)Vertrauen und Demut auf Türkis, die entwicklungsgeschichtlich noch so neu sind, dass sie eher ein Gefühl als in klare sprachliche Begriffe zu fassen sind.

2.3 Die Entwicklungsdynamik der Ebenen

Vielleicht haben Sie es beim Lesen der Beschreibungen der verschiedenen Level bemerkt: In der Entwicklungsdynamik der Ebenen wechseln sich gemeinschaftliche und selbstbezogene Level ab. Zur Veranschaulichung können Sie sich das zentrale Treppenhaus eines Gebäudes vorstellen, von dem links und rechts die einzelnen Stockwerke abgehen. Blättern Sie gerne zu Seite 27 zurück: In unserer Übersichtsgrafik aller Level mit ihren Kernwerten ist diese Analogie angedeutet. Links sind mit den Leveln Purpur, Blau, Grün und Türkis die Level mit Wir-Bezug angeordnet. Menschen, Gruppen und Organisationen mit diesem Werteschwerpunkt orientieren sich an einer Gemeinschaft. Ein eigener Nutzen oder Mehrwert wird nicht unmittelbar und direkt erwartet. Im englischen Sprachgebrauch wird auch von „sacrifice now – reward later“ gesprochen: Der Einsatz erfolgt jetzt, die Belohnung kann später erfolgen. Es wird eher versucht, sich der Umwelt anzupassen.

Im Gegensatz dazu sind die Level Beige, Rot, Orange, Gelb und Koralle auf der rechten Seite der Abbildung durch einen Ich-Bezug geprägt. Das eigene Wohl steht im Vordergrund, es gibt eine starke Fokussierung auf die eigenen Interessen und es wird versucht, die Umwelt an sich anzupassen.

Ein Level nach dem anderen

So, wie man in einem Treppenhaus keine Etage überspringen kann, gilt auch für die Kulturentwicklung: Es gibt keinen

Fahrstuhl! Das Überspringen eines Levels ist nicht nachhaltig möglich. Organisationen mit vielen blauen Facetten wünschen sich z. B. häufig mehr grüne Elemente in ihrer Kultur: mehr Austausch, mehr Dialog, mehr Miteinander und gemeinsames Entscheiden. Ein solcher kultureller Sprung wäre jedoch zu groß. Es braucht den „Umweg" über Orange, denn die höheren Level implizieren die unteren Level und haben sie bestenfalls integriert. Ein oranges Hinterfragen, ein ständiges Optimieren und Suchen nach der besten Lösung sowie eine Verantwortungsübernahme auf individueller Ebene müsste also erst gewollt, akzeptiert und etabliert werden. Andernfalls bleiben verstärkter Austausch und Dialog „unreif", das heißt, sie führen nicht zum gewünschten Ergebnis verbesserter Entscheidungen, sondern binden Ressourcen und verzögern die Entscheidungsfindung. Es würde dann – überspitzt formuliert – mehr geredet als getan.

Passende statt rasante Entwicklung

Es geht auch keinesfalls darum, möglichst schnell die höheren Level zu erreichen! Ziel ist vielmehr, immer wieder neu eine gute Passung der derzeitigen Kultur zu den aktuellen Herausforderungen herzustellen. Dabei ist es hilfreich, sich bewusst zu machen, dass eine Organisationskultur nie eindeutig einer einzigen Werteebene zugeordnet werden kann. Organisationen weisen meist ganz unterschiedliche Elemente verschiedener Level auf. So lautet z. B. eines der sonst eher orangen Führungsprinzipien von Amazon auch „Earn Trust – Vertrauen aufbauen und verdienen", was eher dem Level Grün zuzuordnen ist. Und auch wenn dm keine Umsatzziele formuliert, sondern vor allem den „Applaus zufriedener Kunden“ anstrebt, baut das Unternehmen doch ganz im orangen Sinne sein Online-Geschäft aus, veröffentlicht seine Geschäftszahlen und verkündete für das Geschäftsjahr 2021/2022 einen Umsatz von etwa zehn Milliarden Euro, was einer Steigerung von fast zehn Prozent gegenüber dem Vorjahreszeitraum entspricht.

Level wirken gleichzeitig

Eine eindeutige Zuordnung zu einem Level ist daher in der Regel weder realistisch noch zielführend. Die einzelnen Ebenen sind eher „wie musikalische Akkorde, nicht wie einzelne Noten“ zu verstehen (Beck et. al, 2019, S. 27). Sie stehen nicht isoliert nebeneinander, sondern es wirken immer verschiedene Level mit unterschiedlichen Ausprägungsgraden zusammen. Um kurz vorzugreifen: In der Kulturentwicklung braucht es insbesondere ein gutes „Fundament“ der unteren Level, damit sich die oberen Level auf reife Art und Weise manifestieren können (vgl. das Beispiel für Organisationskultur in Kap. 4.2 ab S. 76). Wie beim Wechsel zwischen Ich- und Wir-Bezug der Level hilft auch hier die Analogie einer Wendeltreppe zum Verständnis: Stellen Sie sich vor, Sie schalten nur auf einer Etage das Licht ein. Dort leuchtet es zwar am hellsten, aber auch mehrere Stockwerke darüber oder darunter kann man das Licht noch wahrnehmen – sehr hilfreich, um sich und andere vor einem Sturz zu bewahren!

Das Modell der Werteebenen nach Prof. Clare Graves beschreibt, wie sich Werte von Menschen, Teams und Organisationen stufenweise entwickeln. Jede Ebene – auch Level genannt – beinhaltet zentrale Werte, die als richtig und wichtig angesehen werden:

- Purpur: Zugehörigkeit, Tradition, Sicherheit
- Rot: Ansehen, Macht, Autonomie
- Blau: Ordnung, Konformität, Loyalität
- Orange: Leistung, Status, Eigenverantwortung
- Grün: Gemeinschaft, Harmonie, Toleranz
- Gelb: Selbstverwirklichung, Akzeptanz, Ganzheitlichkeit
- Türkis: (Ur-)Vertrauen, Demut, Erleben

Die Entwicklung der Werte- und Kulturebenen folgt einem konkreten Muster: Level mit gemeinschaftlichem und selbstbezogenem Fokus wechseln sich ab. Die Kultur einer Organisation weist im Regelfall einen Schwerpunkt auf einer Werteebene, aber auch Elemente anderer Level auf, die sich in ihrer Gesamtheit zu einem komplexen Wertesystem zusammenfügen. Über eine Kenntnis des Wertesystems einer Organisation wird Vergangenes erklärbar, Gegenwärtiges verstehbar und Zukünftiges vorhersehbar. So kann Organisationskultur bewusst gestaltet werden, um anstehenden Herausforderungen zu begegnen und sie erfolgreich zu meistern.

Welche Gestaltungselemente in Organisationen gibt es?

Seite 46

Wie sind die Elemente auf den einzelnen Kulturebenen ausgestaltet?

Seite 48

Wie kann eine Kulturanalyse mit dem „Kulturradar“ vorgenommen und reflektiert werden?

Seite 67

3. Beschreibung von Organisationskultur

„It's simple, but not easy!" So beschrieb Steve de Shazer in den 1980er-Jahren seinen gemeinsam mit Insoo Kim Berg entwickelten Ansatz der lösungsfokussierten Beratung. Zwei zentrale Schritte ihrer umfassenden Methodik sind die Bestimmung des jetzigen sowie die Definition eines gewünschten Zustands.

Auch rund um Organisationskultur braucht es Beschreibungsmöglichkeiten von IST-Kultur, um darauf aufbauend SOLL-Entwicklungsrichtungen abzuleiten.

Mit Artefakten, öffentlichen Werten und grundlegenden Annahmen wissen Sie bereits, welche Aspekte Organisationskultur grundsätzlich umfassen kann. Sie kennen auch die verschiedenen Wertelevel, auf denen sich die einzelnen Aspekte einer Organisation grundsätzlich befinden können. Mit den konkreten expliziten Gestaltungselementen von Organisationen fügen wir nun noch ein letztes Element hinzu.

Anschließend fügen wir diese drei Bausteine in unserem Kulturradar zu einem ganzheitlichen Ansatz der IST- und SOLL-Beschreibung von Organisationskultur zusammen. Und doch: „Organizational culture is not easy. It's that simple!" Ein weniger umfassender Ansatz wäre aus unserer Sicht eine zu starke Vereinfachung und würde dem komplexen Thema Organisationskultur nicht gerecht werden.

3.1 Gestaltungselemente von Organisationen

Wie kann es sein, dass sich Organisationen zwar in ihrem Aufbau und ihrer Strategie grundsätzlich sehr ähneln, aber dennoch sehr unterschiedlich erfolgreich sind? Diese Frage stellten sich die Unternehmensberater Thomas J. Peters und Robert H. Waterman mit ihrem Team der Strategieberatung McKinsey & Company in den 1970er-Jahren. Die Antwort fanden sie in den „weichen“ Faktoren Werte und Kultur.

Basierend auf ihren Überlegungen definierten sie **sieben Kernelemente, die für die Gestaltung von Unternehmen wesentlich sind** (Waterman et al., 1980):

- Strategy (Strategie)
- Structure (Struktur)
- Systems (Prozesse)
- Shared Values (Werte und Kultur)
- Style (Führung)
- Skills (kollektive Fähigkeiten)
- Staff (Mitarbeitende)

Das 7-S-Modell

Sie gaben ihrem Ansatz den naheliegenden Namen „7-S-Modell“, da die gewählten Bezeichnungen in der englischen Originalfassung alle mit S beginnen.

Die Gestaltungselemente Führung, Mitarbeitende, kollektive Fähigkeiten, Prozesse, Struktur und Strategie sind klar beobachtbar und den Artefakten zuzuordnen – teilweise sind sie auch z. B. als Führungsleitbild, Mission oder Vision im Sinne öffentlich vertretener Werte klar ausformuliert und öffentlich gemacht. Wir bezeichnen sie daher auch als explizite Gestaltungselemente. Im Gegensatz dazu verstehen wir „Werte und Kultur“ als ein implizites Gestaltungselement, das eher den grundlegenden Annahmen entspricht. Es ist nicht direkt beobachtbar, sondern manifestiert sich darüber, wie die expliziten Kulturelemente ausgestaltet sind.

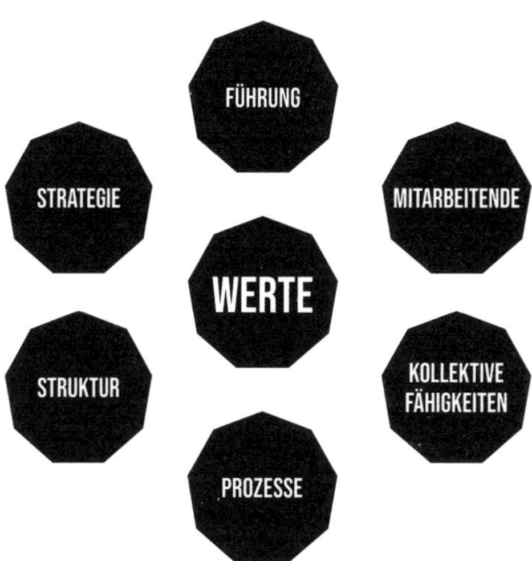

Abb. 3: Die sechs expliziten Gestaltungselemente von Organisationen und das implizite Gestaltungselement „Werte und Kultur“

Explizite und implizite Gestaltungselemente bedingen sich gegenseitig. Die expliziten Elemente haben ihre aktuelle Ausgestaltung, weil sie aufgrund der zugrunde liegenden

Annahmen in dieser Form als richtig und wichtig empfunden wurden. Eine Veränderung der expliziten Elemente kann sich wiederum auf die Werte und damit auch auf die Kultur auswirken, weil so beispielsweise Lernerfahrungen zu anderen Bewertungen und Überzeugungen führen.

Thomas J. Peters und Robert H. Waterman erkannten in den 1970er-Jahren, dass der unterschiedliche Erfolg von Unternehmen auf den „weichen" Faktor Werte und Kultur zurückzuführen ist und dieser bei der Gestaltung von Organisationen berücksichtigt werden muss. Sie entwickelten das 7-S-Modell mit sieben Gestaltungselementen von Organisationen. Während Führung, Mitarbeitende, kollektive Fähigkeiten, Prozesse, Struktur und Strategie explizite, beobachtbare Faktoren sind, zeigen sich Werte und Kultur als implizites Element indirekt durch die Gestaltung der sechs anderen Faktoren.

3.2 Der „Kulturradar" als Analysetool

Ordnet man die derzeitige Ausformung der expliziten Gestaltungselemente Führung, Mitarbeitende, kollektive Fähigkeiten, Prozesse, Struktur und Strategie einer Organisation den Kulturebenen zu, erhält man eine umfassende Beschreibung der aktuellen Organisationskultur.

Analyse mithilfe des „Kulturradars"

Mit unserem „Kulturradar" möchten wir Sie nun einladen, selbst eine Kulturanalyse einer Organisation Ihrer Wahl vorzunehmen. Legen Sie sich dazu Stifte in Purpur, Rot, Blau, Orange, Grün, Gelb und Türkis bereit. Nutzen Sie die Abb. 4 auf Seite 52/53 oder laden Sie sich unter **www.9levels.com/kulturradar** ein kostenloses farbiges Arbeitsblatt im A4-Format herunter und drucken es aus. Verteilen Sie es auch gerne an weitere Personen, die Ihre Organisation gut kennen!

In der Grafik entspricht jedes Gestaltungselement einem „Tortenstück" und jedes Level einem Ring (ganz innen Purpur, ganz außen Türkis). Auf den folgenden Seiten finden Sie typische Ausformungen der sechs expliziten Gestaltungselemente auf jedem Level. Sie sind einerseits konkret genug, um eine schnelle Einschätzung zu ermöglichen, etwa „durch Ziele motivieren". Andererseits sind sie allgemein genug formuliert, um nicht von vornherein etwas auszuschließen, was sich je nach Organisation und Kontext leicht anders darstellt. Wie genau eine Führungskraft also durch Ziele motiviert, kann sehr unterschiedlich sein – es bleibt aber ein Führungsverhalten auf dem Level Orange.

Markieren Sie jeweils Ihre Einschätzung in der Grafik:

- **Sie stimmen nicht zu?** Wenn Sie dieses Gestaltungselement in Ihrer Organisation auf diesem Level nicht wahrnehmen, lassen Sie das Feld einfach frei.
- **Sie stimmen teilweise zu?** Schraffieren Sie das jeweilige Feld mit Strichen der passenden Level-Farbe, wenn Sie dieses Gestaltungselement in Ihrer Organisation teilweise auf diesem Level ausgeformt erleben.
- **Sie stimmen zu?** Füllen Sie das jeweilige Feld vollflächig in der passenden Level-Farbe aus, wenn Sie dieses Ge-

staltungselement in Ihrer Organisation deutlich gemäß dieses Levels wahrnehmen.

Begriffsklärung im Vorfeld

Wichtig: Überlegen Sie sich vorher genau, mit welchem Fokus von „Organisation" Sie Ihre Einschätzung vornehmen, und behalten Sie diesen Blickwinkel bei. Was genau meinen Sie mit „Organisation"? Wo verläuft die Grenze, was ist im Sinne Ihres Betrachtungsfokus zur Organisation zugehörig und was nicht? Wer genau sind dann Führungskräfte, wer sind Mitarbeitende? Das ist wichtig, denn das Ergebnis des Kulturradars kann sehr unterschiedlich ausfallen, je nachdem, ob Sie sich z. B. auf die gesamte Organisation oder einen bestimmten Standort beziehen. Insbesondere wenn Sie den Kulturradar mit mehreren Personen ausfüllen, sollte das Begriffsverständnis vorab genau geklärt werden. Andernfalls ist nicht erkennbar, ob unterschiedliche Ergebnisse tatsächlich mit einer unterschiedlichen Wahrnehmung der Organisation zusammenhängen oder Sie einfach verschiedene „Organisationen" bewertet haben.

Für eine Perspektive entscheiden

Bei der Festlegung des Einschätzungsfokus gibt es kein „richtig" oder „falsch" – es geht vielmehr darum, was genau Sie mit Ihrer Analyse erreichen wollen und welche Perspektive dafür am hilfreichsten ist. Es kann auch spannend sein, dieselbe Organisation aus unterschiedlichen Perspektiven zu betrachten und die Ergebnisbilder zu vergleichen (z. B. „Standort A" vs. „Standort B").

Wenn Sie vorab sehen möchten, wie ein konkretes Ergebnisbild aussehen kann, blättern Sie kurz zu Kapitel 4 ab S. 72. Dort stellen wir Ihnen den Kulturradar von drei verschiedenen Organisationen vor. Wie Sie den Kulturbildern dort entnehmen können, kann es auch gut sein, dass Sie die Ausprägung von Gestaltungselementen auf mehreren Leveln gleichzeitig wahrnehmen – schließlich sind Organisationen vielschichtig. Auf diese Art und Weise kann ihre Komplexität und Diversität abgebildet und eingeordnet werden! Versuchen Sie sich also in einem solchen Fall gar nicht erst zwischen den Ausprägungen verschiedener Level zu entscheiden, sondern markieren Sie so viele Felder mit schraffierter oder ausgefüllter Farbe, wie Sie es erleben. In der Regel lässt sich bei aller Vielfalt im Ergebnisbild doch ein gewisser kultureller Schwerpunkt erkennen.

Der Kulturradar ist ein grafisches Tool zur konkreten Analyse und Beschreibung der IST-Kultur einer Organisation. Er kombiniert Kulturebenen und explizite Gestaltungselemente von Organisationen. Jeder Ring symbolisiert von Purpur (innerster Ring) bis Türkis (äußerster Ring) eine Kulturebene, während jedes „Tortenstück" die verschiedenen Ausformungen der expliziten Gestaltungselemente darstellt. Durch farbiges Markieren wird deutlich, ob und wie stark die Elemente in der Organisation wahrgenommen werden, sodass ein umfassendes Ergebnisbild entsteht, das z. B. zum Vergleich und zur Diskussion anregt.

Abb. 4: Vorlage eines Kulturradars zur Analyse und Beschreibung der Kultur einer Organisation Ihrer Wahl (kostenloser farbiger Download unter: www.9levels.com/kulturradar)

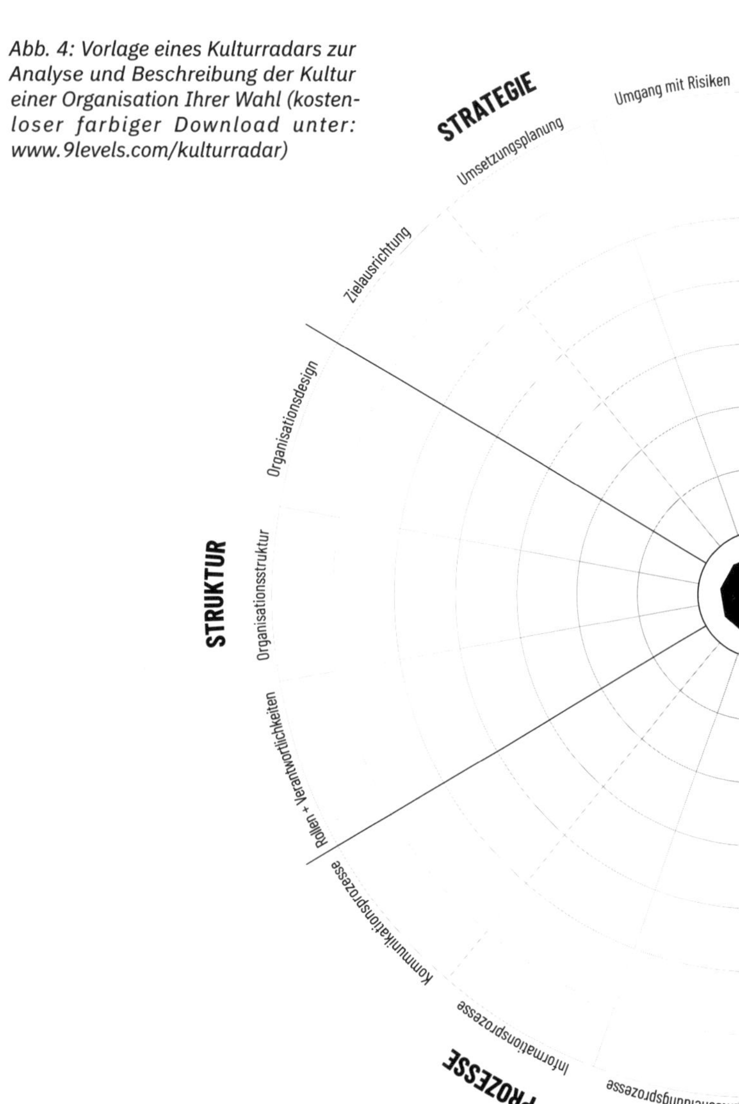

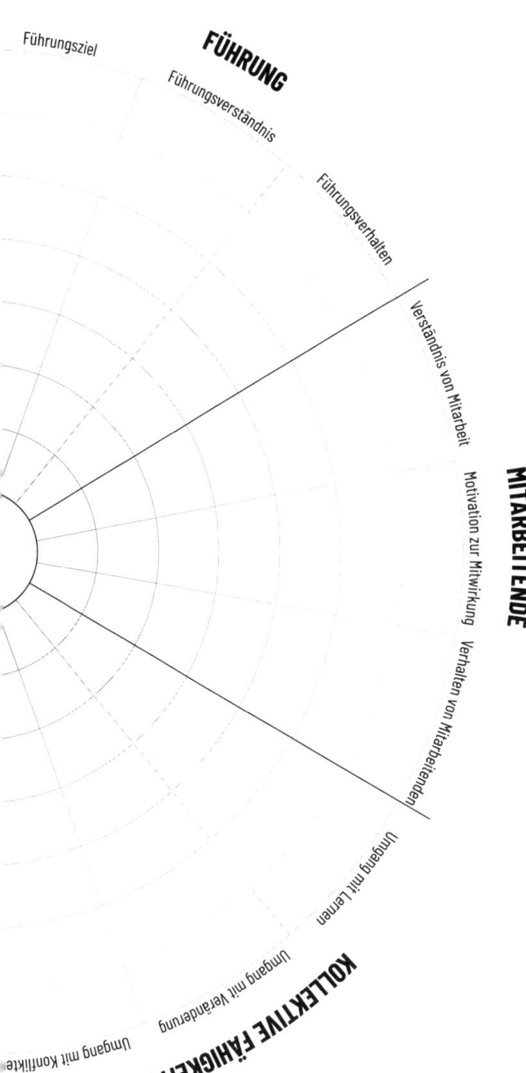
Führungsziel
FÜHRUNG
Führungsverständnis
Führungsverhalten
Verständnis von Mitarbeit
MITARBEITENDE
Motivation zur Mitwirkung
Verhalten von Mitarbeitenden
Umgang mit Lernen
KOLLEKTIVE FÄHIGKEITEN
Umgang mit Veränderung
Umgang mit Konflikte

3.3 Führung

Führungskräfte haben eine zentrale Funktion in Organisationen und sind damit auch ein prägendes Gestaltungselement. Es macht kulturell einen großen Unterschied, wie sie ihre Rolle ausfüllen und welche individuellen Facetten sie in ihre Teams und Verantwortlichkeiten einbringen. Natürlich ist Führung für sich genommen auch ein komplexes Thema, das sehr viele Elemente umfasst und zu dem man allein ein ganzes Buch schreiben könnte (vgl. Krumm, 2014).

Drei Unterelemente von Führung

Um einerseits nicht zu allgemein zu bleiben, es andererseits aber im Rahmen des Kulturradars handhabbar zu halten, unterteilen wir Führung (und im Folgenden auch alle anderen expliziten Gestaltungselemente) noch einmal in drei Unterelemente:

- Führungsziel
- Führungsverständnis
- Führungsverhalten

Es gibt Organisationen, in denen diese drei Komponenten von Führung auf kulturell sehr ähnlichen Leveln verortet werden können. Es kann aber auch sehr große Unterschiede z. B. zwischen dem organisational vorgesehenen Führungsziel und dem im Alltag gelebten Führungsverhalten geben.

Reflexion
Wie nehmen Sie Führung in Ihrer Organisation wahr? Lesen Sie die folgenden Möglichkeiten durch und markieren Sie auf Ihrem Kulturradar mit den entsprechenden Farben, ob und welche Facetten Sie in Ihrer Organisation gar nicht (frei lassen), teilweise (schraffieren) oder sehr deutlich ausgeprägt (farbig ausfüllen) erleben.

Das **Führungsziel** beschreibt die organisationale Absicht von Führung in der Organisation: Was soll durch Führung auf welchem Level im Kern erreicht werden?

- Purpur: Tradition und Sicherheit bewahren
- Rot: Zum Ausbau von Macht und Ansehen antreiben
- Blau: Ordnung und Stabilität sicherstellen
- Orange: Zu Leistung und Zielerreichung motivieren
- Grün: Teamarbeit und Gemeinschaftsgefühl ausbauen
- Gelb: Flexibilität und Freigeist fördern
- Türkis: Annehmen und sich entwickeln lassen

Mit **Führungsverständnis** ist die Art und Weise gemeint, wie Führungskräfte das Führungsziel interpretieren: Wie sehen sie auf welchem Level ihre Rolle und Verantwortung?

- Purpur: Patriarchisch
- Rot: Autoritär
- Blau: Hierarchisch
- Orange: Unternehmerisch
- Grün: Unterstützend
- Gelb: Disruptiv
- Türkis: Holistisch

Das **Führungsverhalten** bezeichnet die konkreten Verhaltensweisen der Führungskräfte im Alltag: Wie leben sie auf welchem Level ihre Rolle und Verantwortung aus?

- Purpur: Altbewährtes fortführen
- Rot: Vollständige Kontrolle ausüben
- Blau: Klare Anweisungen geben
- Orange: Durch Ziele motivieren
- Grün: Alle einbinden
- Gelb: Sich situativ beteiligen
- Türkis: Spüren und vertrauen

Führung ist ein zentrales Gestaltungselement von Organisationen. Wie Führung verstanden und gelebt wird, hat großen kulturellen Einfluss. Im Kulturradar wird Führung in die drei Unterelemente Führungsziel, Führungsverständnis und Führungsverhalten differenziert. Je nach Level sind diese drei Facetten von Führung ganz unterschiedlich ausgeprägt.

3.4 Mitarbeitende

„Mitarbeitende" einer Organisation sind alle Personen, die an der Organisation teilnehmen. In einem Unternehmen ist diese Teilnahme durch einen Arbeitsvertrag geregelt, in anderen Organisationsformen über Mitgliedsbeiträge, ehrenamtliches Engagement etc. Wir fassen den Begriff also bewusst sehr weit, damit er in verschiedenen Kontexten ganz unterschiedlicher Organisationsformen anwendbar ist. Alle Mitarbeitenden im Sinne von „Teilnehmenden" sind ein wesentliches Gestaltungselement von Organisationen und ihrer Kultur: Sie tragen durch ihre täglichen Interaktionen und Entscheidungen ausschlaggebend zur Formung und Aufrechterhaltung des Miteinanders in einer Organisation bei. Darüber hinaus repräsentieren sie die Organisation nach außen und prägen maßgeblich das Bild, das andere von der Organisation haben.

Reflexion
Wie gestalten sich das Verständnis von Mitarbeit, die Motivation zur Mitwirkung und das Verhalten von Mitarbeitenden im organisationalen Alltag aus Ihrer Sicht? Nehmen Sie Ihre Einschätzung im Kulturradar vor.

Das **Verständnis von Mitarbeit** bezeichnet die Art und Weise, wie Mitarbeitende ihre Rolle in der Organisation wahrnehmen: Wie interpretieren sie auf welchem Level ihren Beitrag zur Organisation?

- Purpur: Der Gemeinschaft dienen
- Rot: Sich behaupten und durchsetzen
- Blau: Anweisungen und Regeln befolgen
- Orange: Individuelle Leistung erbringen
- Grün: Zum Gemeinschaftserfolg beitragen
- Gelb: Das eigene Potenzial entfalten
- Türkis: Teil des global-großen Ganzen sein

Die **Motivation zur Mitwirkung** bezieht sich auf die Beweggründe zur Teilhabe an der Organisation: Warum wollen sich Mitarbeitende auf welchem Level in die Organisation einbringen?

- Purpur: Aus Tradition und Sicherheit
- Rot: Für Macht und das eigene Ansehen
- Blau: Aus Pflichtbewusstsein und Loyalität
- Orange: Für Erfolg und den eigenen Status
- Grün: Für die Gemeinschaft/das Team
- Gelb: Zur Selbstentfaltung
- Türkis: Aus globalem Bewusstsein

Das **Verhalten von Mitarbeitenden** betrachtet individuelle Verhaltensweisen durch die kulturelle Brille: Wie wird auf welchem Level im organisationalen Alltag agiert?

- Purpur: Bewährten Wegen folgen
- Rot: Risiken eingehen, Mut zeigen
- Blau: Strukturen einhalten, Qualität sichern
- Orange: Produktivität steigern, Ziele verfolgen
- Grün: Sich in die Gemeinschaft einbringen
- Gelb: Freiraum nutzen, Transformation kreieren
- Türkis: Annehmen was ist, spüren, was kommt

Mitarbeitende im Sinne von „Teilnehmende" an einer Organisation sind ein zentrales Gestaltungselement. Ihr Verständnis von Mitarbeit, ihre Motivation zur Teilhabe an der Organisation sowie ihr alltägliches Verhalten sind je nach Level sehr unterschiedlich.

3.5 Kollektive Fähigkeiten

Während die individuellen Verhaltensweisen der einzelnen Organisationsmitglieder über das Gestaltungselement „Mitarbeitende" abgebildet werden, geht es bei den kollektiven Fähigkeiten um die Gesamtheit der Kompetenzen und Fähigkeiten, die innerhalb einer Organisation vorhanden sind. Zwar bilden individuelle Fähigkeiten die Basis für die kollektiven Fähigkeiten, dennoch sind beispielsweise die individuellen Lösungskompetenzen eines einzelnen Mitarbeiters etwas anderes als die Art und Weise, wie eine Organisation als Ganzes auf eine Krise reagiert.

Mit dem Kulturradar beleuchten wir als kollektive Fähigkeiten insbesondere den Umgang mit Lernen, mit Veränderung sowie mit Konflikten in ihren Ausgestaltungsmöglichkeiten auf den verschiedenen Leveln. Wie bei allen Gestaltungselementen ist auch hier wieder sowohl eine breite Streuung über verschiedene Level hinweg als auch eine starke Konzentration nur auf ein oder wenige Level möglich.

> **Reflexion**
> Schätzen Sie nun die drei Aspekte der kollektiven Fähigkeiten in Ihrem Kulturradar ein.

Der **Umgang mit Lernen** umfasst die generelle Herangehensweise einer Organisation an das Thema Wissens- und Kompetenzerwerb: Wie wird auf welchem Level neues Wissen erworben?

- Purpur: Von oben angeordnet

- Rot: Autoritäts- und machtorientiert
- Blau: Zentral vorgegeben
- Orange: Zentral gesteuert
- Grün: Teilautonom
- Gelb: Selbstgesteuert und -verantwortet
- Türkis: Mit der Evolution fließend

Der **Umgang mit Veränderung** bezeichnet die Art und Weise, wie eine Organisation das Thema Change angeht: Wie wird auf welchem Level Transformation initiiert und umgesetzt?

- Purpur: Gehorsam für Entscheidung von oben
- Rot: Individuell und impulsiv
- Blau: Hierarchisch und formal
- Orange: Zielorientiert und fokussiert
- Grün: Partizipativ und konsensorientiert
- Gelb: Neugierig und ganzheitlich
- Türkis: Akzeptierend als größerer evolutionärer Prozess

Umgang mit Konflikten bezieht sich auf die Methoden und Strategien, die in einer Organisation bei sachlichen und emotionalen Spannungen eingesetzt werden: Wie wird auf welchem Level versucht, eine Klärung herbeizuführen?

- Purpur: Machtwort von oben
- Rot: Der/Die Stärkere gewinnt
- Blau: Klärung über Regelwerke
- Orange: Sachlich beste Lösung
- Grün: Gemeinsam getragene Lösung
- Gelb: Reflektieren und als Potenzial nutzen
- Türkis: Beobachten und annehmen

Die kollektiven Fähigkeiten einer Organisation gehen über die individuellen Kompetenzen der Mitarbeitenden hinaus und betrachten den Umgang mit bestimmten Themen als Ganzes. Besonderes Augenmerk liegt im Kulturradar auf dem kollektiven Umgang mit Lernen, Veränderung und Konflikten. Diese können je nach Level sehr unterschiedlich ausgeprägt sein.

3.6 Prozesse

Mit Prozessen sind die operativen Systeme gemeint, die den täglichen Betrieb einer Organisation steuern. In der Organisationstheorie auch als „Ablauforganisation" bezeichnet, geht es hier um alle materiellen und immateriellen Tools, die im organisationalen Alltag eingesetzt werden. Besonders zentral sind die Art und Weise der Entscheidungsfindung, Information und Kommunikation.

> **Reflexion**
> Tragen Sie nun in Ihrem Kulturradar ein, ob und welche prozessualen Ausprägungsgrade Sie wahrnehmen.

Entscheidungsprozesse in einer Organisation umfassen die Methoden und Tools, durch die Entscheidungen getroffen werden. Welches Vorgehen dazu wird auf welchem Level als richtig und wichtig angesehen?

- Purpur: Nach Anweisung des Patriarchen
- Rot: Zentralisiert und autoritär

- Blau: Formalisiert, an Hierarchie orientiert
- Orange: Zielorientiert und strategisch
- Grün: Konsensorientiert und demokratisch
- Gelb: Flexibel und sinnorientiert
- Türkis: Kollektiv und systemübergreifend

Informationsprozesse sind alle Tools und Ansätze innerhalb einer Organisation, die der Sammlung, Verarbeitung und Speicherung von Informationen dienen. Wie wird auf welchem Level mit Informationen umgegangen?
- Purpur: Mündliche Informationsübermittlung
- Rot: Machtdemonstrierende Informationskontrolle
- Blau: Formalisierte Informationssammlung
- Orange: Effiziente Informationsweitergabe
- Grün: Offene Informationsteilung
- Gelb: Integrative Informationsangebote
- Türkis: Global-ganzheitliche Informationssphären

Kommunikationsprozesse einer Organisation stellen die Methoden dar, durch die Austausch erfolgt. Wie wird auf welchem Level kommuniziert?
- Purpur: Direkt und persönlich
- Rot: Hierarchisch und einseitig
- Blau: Formell und angepasst
- Orange: Zielgerichtet und effizient
- Grün: Empathisch und gleichberechtigt
- Gelb: Diversifiziert und dialogisch
- Türkis: Integrativ und bewusstseinserweiternd

Das Gestaltungselement Prozesse umfasst alle operativen Systeme und Tools, die im Organisationsalltag eingesetzt werden. Als Gestaltungselement wirken insbesondere Entscheidungs-, Informations- und Kommunikationsprozesse kulturell prägend: Wie werden Festlegungen getroffen, wie wird über diese Entscheidungen informiert und welche Art von Austausch erfolgt dazu? Je nach Level variieren diese Prozesse erheblich voneinander.

3.7 Struktur

Struktur als Gestaltungselement bezieht sich darauf, wie Aufgaben, Verantwortlichkeiten und Autoritätslinien definiert sind. In der Organisationstheorie wird dies auch als „Aufbauorganisation“ bezeichnet: Wer bekommt welche Informationen und Entscheidungen von wem und gibt sie an wen weiter? Es geht also um die formale Gliederung der Organisation rund um Rollen und Verantwortlichkeiten, Organisationsstruktur und Organisationsdesign.

Rollen und Verantwortlichkeiten in einer Organisation definieren die Zuweisung von Aufgaben und Erwartungen. Wie werden Rollen auf welchem Level vergeben und ausgefüllt?

Reflexion
Sie ahnen es sicher schon: Tragen Sie nun auch Ihre Struktur-Einschätzung in Ihren Kulturradar ein.

- Purpur: Sind mit langer Zugehörigkeit gesetzt
- Rot: Werden erkämpft und verteidigt, sind austauschbar
- Blau: Werden nach objektiven Faktoren durchlaufen
- Orange: Werden leistungsorientiert vergeben
- Grün: Werden gemeinschaftsorientiert ausgefüllt
- Gelb: Sind multifunktional und selbstbestimmt
- Türkis: Sind auf das Wohl des großen Ganzen ausgerichtet

Organisationsstruktur bezeichnet das organisationale Gerüst, durch das Hierarchie und Autoritätslinien definiert und koordiniert werden. Welche formale Anordnung hat eine Organisation auf welchem Level?

- Purpur: Wenige Ebenen mit Patriarch an der Spitze
- Rot: Klar anführende Person
- Blau: Funktionaler, hierarchischer Aufbau
- Orange: Prozessual, flache Hierarchie
- Grün: Multifunktionaler, matrixartiger Aufbau
- Gelb: Temporäre, sich dynamisch entwickelnde Struktur
- Türkis: Holistisch

Organisationsdesign bezieht sich darauf, wie alle Elemente und Ressourcen des Gesamtsystems zusammenwirken, um die organisationalen Ziele zu erreichen. Wie ist eine Organisation auf welchem Level ausgestaltet, um ihre Strategie umzusetzen?

- Purpur: Einfaches Design
- Rot: Zentralisiertes Design
- Blau: Konservatives Design
- Orange: Effizienzorientiertes Design

- Grün: Kooperatives Design
- Gelb: Systemisches Design
- Türkis: An Bionik angelehntes Design

Die Struktur einer Organisation meint das je nach Level unterschiedlich ausgestaltete organisationale Gerüst, das Aufgabenverteilung und Hierarchie definiert. Besonders drei Elemente sind als kulturprägend hervorzuheben: Rollen und Verantwortlichkeiten (Zuweisung und Verständnis von Rollen), die Organisationsstruktur selbst (formale Anordnung der Rollen) sowie das Organisationsdesign (Zusammenspiel aller Elemente und Ressourcen zur Erreichung der organisationalen Ziele).

3.8 Strategie

Welche langfristigen Ziele bzw. welche Mission und/oder Vision verfolgt eine Organisation und wie glaubt man, diese erreichen zu können? Diese Frage steht im Zentrum des Gestaltungselements „Strategie", das darüber entscheidet, ob und welche Maßnahmen auf strategischer Ebene ergriffen und welche Ressourcen dafür bereitgestellt werden. Für einen differenzierten Blick nehmen wir im Kulturradar die Unterkategorien Zielausrichtung, Umsetzungsplanung und Umgang mit Risiken genauer in den Blick.

Reflexion
Vervollständigen Sie nun Ihren Kulturradar mit Ihrer Einschätzung des letzten Gestaltungselements „Strategie".

Zielausrichtung bezieht sich auf den inhaltlichen Fokus der strategischen Bemühungen. In welche Richtung möchte die Organisation auf welchem Level weiter vorstoßen?

- Purpur: Ziel ist es, den Status quo zu bewahren
- Rot: Ziele sind auf Machtgewinn und Dominanz ausgerichtet
- Blau: Ziele sind langfristig und sichernd
- Orange: Ziele sind wachstums- und erfolgsorientiert
- Grün: Ziele sind ethisch und beziehungsorientiert
- Gelb: Ziele sind flexibel und auf Sinnstiftung konzentriert
- Türkis: Ziele sind holistisch und auf das Wohl aller bedacht

Umsetzungsplanung umfasst die Festlegung der notwendigen Maßnahmen, der eingesetzten Ressourcen und des angedachten Zeitrahmens, um die Ziele der Organisation effektiv zu realisieren. Welche Planungsansätze finden sich auf welchem Level?

- Purpur: Einfache Ansätze ohne formale Festlegung
- Rot: Kurzfristige und impulsive Umsetzung
- Blau: Langfristige, detaillierte Planung
- Orange: Strategische Planung und kontinuierliche Fortschrittskontrolle
- Grün: Kollaboratives und konsensorientiertes Vorgehen
- Gelb: Iterative Zyklen mit häufiger Anpassung
- Türkis: Anstoßen und mitfließen

Umgang mit Risiken bezeichnet den Ansatz zur Identifikation, Analyse und Steuerung potenzieller Risiken bei der

Zielerreichung. Wie wird auf welchem Level versucht, die Erfolgswahrscheinlichkeit hochzuhalten?

- Purpur: Vertrauen in und Befolgen der Ansagen von „oben“
- Rot: Hohe Risikobereitschaft ohne formelle Risikobewertung
- Blau: Formale Risikobewertung, wenig Risikobereitschaft
- Orange: Systematisches Risikomanagement
- Grün: Diskussion von und gemeinschaftliche Entscheidungen für Risikoumgang
- Gelb: Risikobewusstheit mit situativem Abwägen
- Türkis: Annehmen und Aushalten des Flusses der Dinge

Im Fokus des Gestaltungselements Strategie stehen die langfristigen Ziele von Organisationen und die Maßnahmen und Methoden, die zur Zielerreichung ergriffen werden. Es kann in drei Unterelemente ausdifferenziert werden: Zielausrichtung (die inhaltliche Richtung der Strategie), Umsetzungsplanung (Festlegung von Maßnahmen zur Umsetzung der Strategie) und Umgang mit Risiken (Analyse und Steuerung potenzieller Gefahren der Zielerreichung). Jedes dieser Elemente wird je nach kulturellem Level unterschiedlich gehandhabt.

3.9 Reflexion Ihres Kulturradars

Mit der Erstellung eines Kulturradars für eine Organisation Ihrer Wahl haben Sie nun ein gutes erstes Beispiel für eine Analyse und Visualisierung von Organisationskultur vorliegen.

Mit einer solchen IST-Einschätzung verhält es sich jedoch so wie mit einem Röntgenbild: An sich hat es erst mal keinen großen Erkenntniswert. Auch eine Radiologin röntgt nicht einfach nur, um ein Bild eines Oberschenkelhalsknochens zu erhalten. Das Röntgenbild ist vielmehr der Ausgangspunkt für eine genaue Betrachtung und Analyse, um eine Diagnose über einen aktuellen Zustand zu treffen und passende Maßnahmen zur Heilung und Gesunderhaltung abzuleiten. Auch Ihr Kulturradar braucht nun eine genaue Betrachtung, Reflexion und Diskussion, um wirklich einordnen zu können, welche Bedeutung er für die Organisation hat.

Reflexion
Nehmen Sie den Kulturradar und folgende Leitfragen als Ausgangspunkt, um sich noch tiefer mit der Organisation zu befassen und mögliche Ansätze für kulturelle Weiterentwicklung zu identifizieren:

- Was fällt Ihnen beim Blick auf das Ergebnisbild sofort ins Auge?
- Ist ein klarer kultureller Schwerpunkt zu erkennen oder ist die Kultur aus Elementen verschiedener Level divers zusammengesetzt?
- Zeigen sich konsistente Muster oder Diskrepanzen?
- Wie stimmig ist das Ergebnisbild mit Ihrer allgemeinen kulturellen Einschätzung der Organisation? Wie zeigt es sich im organisationalen Alltag?
- Welche kulturelle Einschätzung hätten andere zentrale Stakeholder vermutlich vorgenommen? Vermuten Sie im Vergleich eine ähnliche oder unterschiedliche Wahrnehmung?
- Wie lässt sich das Ergebnisbild historisch erklären? Welche Gestaltungselemente waren früher vermutlich wie anders ausgeprägt? Welche Entwicklungen haben zum heutigen kulturellen IST geführt?
- Sehen Sie Bedarf für eine Kulturveränderung? Falls ja, in welche Richtung? Markieren Sie in Ihrem Kulturradar ggf. mit einem schwarzen Stift, welche Anpassungen hilfreich wären.
- Welche konkreten Maßnahmen könnten mit welcher Reihenfolge und Priorität ergriffen werden, um eine entsprechende kulturelle Entwicklung vom IST zum SOLL anzustoßen?

Der Kulturradar als Tool zur Beschreibung von Organisationskultur kombiniert die sieben Werteebenen Purpur, Rot, Blau, Orange, Grün, Gelb und Türkis nach Graves mit 6 x 3 Gestaltungselementen von Organisationen in Anlehnung an Peters/Waterman:

- Führung: Führungsziel, Führungsverständnis, Führungsverhalten
- Mitarbeitende: Verständnis von Mitarbeit, Motivation zur Mitwirkung, Verhalten von Mitarbeitenden
- Kollektive Fähigkeiten: Umgang mit Lernen, Veränderung und Konflikten
- Prozesse: Entscheidungs-, Informations- und Kommunikationsprozesse
- Struktur: Rollen und Verantwortlichkeiten, Organisationsstruktur, Organisationsdesign
- Strategie: Zielausrichtung, Umsetzungsplanung, Umgang mit Risiken

Es wird jeweils eingeschätzt, ob die einzelnen Gestaltungselemente auf jedem Level umfassend, teilweise oder nicht vorhanden sind. So entstehen insgesamt 378 Beschreibungsmöglichkeiten, die wie ein kultureller Fingerabdruck die IST-Kultur einer Organisation visualisieren. Darauf aufbauend können eine SOLL-Kultur definiert und passende Maßnahmen für den Weg dorthin abgeleitet werden.

Wie kann der Kulturradar einer sehr performanten Organisation aussehen?

Seite 72

Wie kann sich ein Bedarf an Kulturveränderung im Kulturradar zeigen?

Seite 76

Woran kann man im Kulturradar eine Organisation mitten im kulturellen Wandel erkennen?

Seite 80

4. Beispiele für Organisationskultur

An der Wand hinter dem Schreibtisch des Geschäftsführers einer Werbe- und Internetagentur hängen zwei gekreuzte Macheten. Jeder Bewerber und jede Bewerberin muss zum Abschluss des Bewerbungsprozesses vor den Geschäftsführer treten und einige (nicht immer mit dem allgemeinen Gleichbehandlungsgesetz konforme) Fragen beantworten. Es ist nicht ausgesprochen, aber allen Beteiligten völlig klar, dass letztlich nur er darüber entscheiden wird, ob ein Arbeitsvertrag angeboten wird oder nicht. Trifft der unterschriebene Arbeitsvertrag in der Personalabteilung ein, meldet sie dem Geschäftsführer: „Die Stelle ist besetzt, wir haben die Person ‚verhaftet'!"

Beispiele wie dieses machen Organisationskultur lebendig. Im Kulturradar entspricht es einer konkreten Weise, wie sie sich „zentralisiert und autoritär" als „roter" Entscheidungsprozess im Alltag zeigen kann.

Im Folgenden zeigen und erläutern wir drei ganz konkrete Kulturradare von Organisationen. Damit möchten wir über das theoretische Verständnis, das im Zentrum der letzten Kapitel stand, nun praktische Einblicke und Inspiration bieten, wie Organisationskultur gelebt und bei Bedarf weiterentwickelt werden kann.

4.1 Beispiel Orange: Wir lieben Herausforderungen!

„Wo andere aufgeben, fangen wir erst an!“ Dass dieses leistungsorientierte und damit „orange“ Credo sehr stimmig mit der aktuellen IST-Kultur der Organisation ist, wird mit einem Blick auf den Kulturradar in Abb. 5 sofort deutlich:

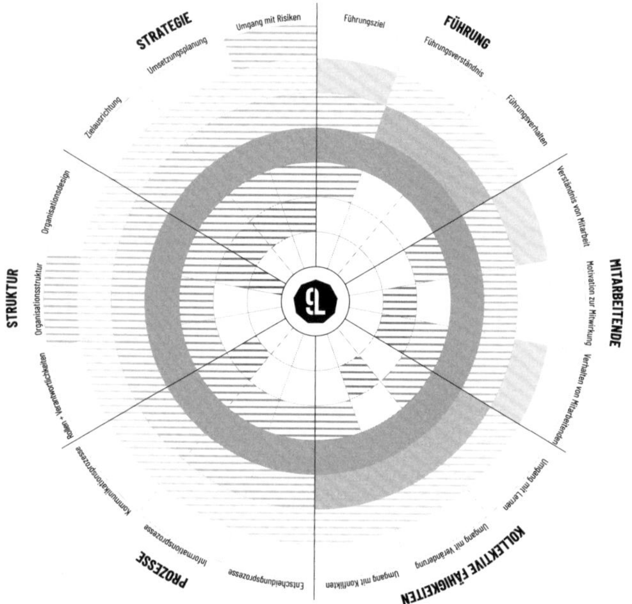

Abb. 5: Kulturradar einer mittelständischen Unternehmensgruppe der Automotive-Branche (farbige Abbildung unter www.9levels.com/kulturradar)

Beispiel aus dem Werkzeug- und Anlagenbau

Bei der Organisation handelt es sich um einen eigentümergeführten Automobil-Zulieferer mit dem Schwerpunkt Werkzeug- und Anlagenbau. Die Gruppe mit mehreren Gesellschaften und Standorten beschäftigt insgesamt circa 2.000 Mitarbeitende, die Hälfte davon in Deutschland.

Über den Kulturradar wurde die aktuelle Kultur folgendermaßen eingeschätzt und gemäß der in Kapitel 3.9 vorgestellten Leitfragen reflektiert:

- Der orange Ring ist vollständig eingefärbt. Alle Gestaltungselemente wurden in jeder der 18 Unterkategorien durchgängig als auf dem orangen Level ausgeprägt eingeschätzt.

- Es gibt damit einen klaren Kulturschwerpunkt auf dem Level Orange. Zusätzlich wurden viele andere Gestaltungselemente insbesondere gemäß der Level Blau, Grün und Gelb eingeordnet.

- Das Ergebnisbild ist insgesamt sehr homogen. Dies ist ein Indikator dafür, dass der kulturelle Schwerpunkt auf dem Level Orange im Alltag sehr spürbar ist und es eine große Klarheit gibt, dass sich die gesamte Organisation an Leistung und Eigenverantwortung orientiert und Status wichtig ist.

- Der Kulturradar wurde insgesamt als sehr stimmig wahrgenommen: „Bei uns geht's halt nicht um Chichi und Chacha, sondern immer um die Funktionalität. Es wurde auch bestätigt, dass Orange derzeit auf einem hohen Reifegrad gelebt wird („Bei uns läuft's grad richtig rund!"), weil es einerseits einen passenden „Unterbau" an blau und rot ausgeprägten Elementen gibt. Andererseits sind auch viele Facetten der aufkommenden Level Grün und Gelb vorhanden, die dem starken Orange zusammen die Absolutheit nehmen und es je nach Kontext ergänzen und bereichern (vgl. Kap. 2.3): „Wir haben eine hohe Schlagzahl, aber wir sind dabei nicht schlampig!" Die blau gestalteten Elemente sichern die Qualität und die grünen Elemente gewährleisten, dass die orangen Kernthemen im Sinne eines Miteinanders statt Gegeneinanders gelebt werden.

- Es wird vermutet, dass Kunden und Lieferanten die Organisation sehr ähnlich eingeschätzt hätten. Auch eine Befragung von Mitarbeitenden hätte höchstwahrscheinlich ein sehr deckungsgleiches Bild ergeben.

- Die Organisation wurde in den 1920er-Jahren als „mechanische Werkstätte" gegründet und blickt inzwischen auf eine über 100-jährige Geschichte zurück. War das Unternehmen lange Zeit ein eher passiver „Zulieferer", hat es sich in den letzten Jahren zu einem innovativen Technologievorreiter entwickelt: „Die Kunden hören auf uns!" Es ist daher zu vermuten, dass die Organisation historisch einen starken Kulturwandel von ursprünglichem Purpur bis zum heutigen Orange vollzogen hat.

- Aktuell wird wenig kultureller Veränderungsbedarf gesehen. Die Passung zu Markt und Mitarbeitenden ist hoch – dies wird auch dadurch deutlich, dass die Strategie kulturell sehr analog zu den anderen Elementen gestaltet ist. Ein akuter Veränderungsdruck ist häufig dann da, wenn die Ziele einer Organisation kulturell in eine ganz andere Richtung weisen als die anderen Elemente und/oder es insgesamt eine starke kulturelle Heterogenität gibt. Dies ist hier jedoch nicht der Fall. Es lässt sich zwar schon absehen, dass das Thema Nachhaltigkeit in Zukunft noch an Gewicht gewinnen wird, es besteht aber noch kein wirklicher Handlungsdruck.

- Wenn sich die Organisation perspektivisch in diese Richtung entwickeln soll, bräuchte es zunächst eine Anpassung der Strategie in Richtung der Level Grün und Gelb, die aber weiterhin auf starkem Orange fußen sollte. In einem zweiten Schritt könnten dann die Gestaltungselemente Struktur, Prozesse und Führung ebenfalls in diese Richtung angepasst werden, um eine entsprechende Änderung von Haltung und Verhalten der Mitarbeitenden anzustoßen. Zu gegebener Zeit wird es die Organisation vermutlich lieben, auch diese Herausforderung anzugehen.

Das Beispiel zeigt den Kulturradar einer mittelständischen Automobilzuliefferergruppe, die sich durch eine stark „orange" Organisationskultur auszeichnet. Es gibt aktuell eine große Passung der Kultur zu den Erfordernissen des Markts sowie den zentralen Stakeholdern. Die Organisation lebt und

liebt Herausforderungen und ist mit ihren vielen orange geprägten Gestaltungselementen äußerst performant, sodass kein akuter Bedarf für eine Veränderung der Kultur besteht.

4.2 Beispiel Grün: Wir lieben uns!

„Wir sind einfach nett – manchmal vielleicht ein bisschen zu nett ..." So stellt sich das Team eines kleinen Weiterbildungsunternehmens vor. Seit über zehn Jahren ist die Organisation im Markt tätig. Alle Beteiligten sind aus tiefster Überzeugung Trainer und Coaches und der festen Meinung, dass sie mit ihrer Tätigkeit eine wertvolle Unterstützung und Bereicherung für andere Menschen, Teams und Organisationen bieten. Statt monetären Gewinn zu erzielen, möchte das Team „mit einer schwarzen Null am Jahresende rausgehen". Der eigentliche Lohn ihrer Arbeit sind für sie gute Kundenbeziehungen, ein starkes Teamgefühl, gegenseitige Wertschätzung sowie individuelle Weiterentwicklung und Wirksamkeit.

Seit etwa drei Jahren sinken nun jedoch Umsatz und Gewinn und die Organisation ist kurz davor, in eine wirtschaftliche Schieflage zu geraten. Das Team möchte nun eine Standortbestimmung vornehmen und Maßnahmen entwickeln, um finanziell bald wieder auf sichereren Füßen zu stehen. Teil dieses Prozesses ist die gemeinschaftliche Erstellung und Reflexion eines Kulturradars:

- Level Grün ist mit einem fast vollständig ausgefüllten Ring am deutlichsten ausgeprägt. Auch viele gelbe und einige orange Elemente sind vorhanden. Die fast durchgängig vorhandene Ausgestaltung aller Elemente auf dem Level Grün zeigt deutlich, wie wichtig dem Team Gemeinschaft, Harmonie und Toleranz sind und wie sehr diese bei ihnen im Mittelpunkt stehen. Im Vergleich zum Kulturradar aus dem vorherigen Beispiel gibt es jedoch weniger Diversität: Es sind insgesamt deutlich weniger Felder, die vollflächig oder schraffiert eingefärbt wurden.

Abb. 6: Kulturradar eines kleinen Weiterbildungsunternehmens (farbige Abbildung unter www.9levels.com/kulturradar)

- Auffällig ist, dass das Gestaltungselement Führung eher Gelb als Grün ausgeprägt ist. Tatsächlich bestehen Spannungen rund um das Thema, weil sich das Team mehr Nähe und Miteinander von ihrer Chefin wünscht, während die Geschäftsführerin eher situativ anwesend ist und große Freiräume gibt, statt so nah und unterstützend zu agieren, wie das Team es gerne hätte.

- Insgesamt ruft das Ergebnisbild viel Lachen hervor: „O ja, wir lieben uns!" Der kulturelle Schwerpunkt auf dem Level Grün ist im Alltag stark spürbar. Es wird viel über Persönliches gesprochen, Entscheidungen werden gemeinsam getroffen, alle werden nach Möglichkeit einbezogen und es ist wichtig, dass sich jeder wohlfühlt. Dass es wirtschaftliche Schwierigkeiten gibt, wird durch das wenig vorhandene Orange deutlich. Während die Unternehmensgruppe aus dem vorherigen Beispiel ihren kulturellen Schwerpunkt reif auslebt, fehlt dem Team hier der nötige „Unterbau" aus Blau und Orange, der einerseits einen geregelten Rahmen bieten sowie andererseits die Ziel- und Erfolgsorientierung sichern würde. Statt eines reifen Auslebens von Grün dreht sich das Team sehr viel um sich selbst. Sie entwickeln zwar tolle Produkte, machen aber wenig bis kein Marketing und Vertrieb, weil „das niemandem von uns so richtig Spaß macht". Sie geben großzügige Rabatte und verschenken viel, weil sie ihren Kunden (die von ihnen übrigens als „unsere Community" bezeichnet werden) bei ihren Herausforderungen zur Seite stehen und sie unterstützen wollen. Die Geschäftsführerin unterstreicht: „Mein Beruf ist für mich Berufung – ich finde es komisch, mich quasi für das Ausüben meines Hobbys bezahlen zu lassen. Aber natürlich sind wir eine GmbH und kein Verein ..."

- Es ist zu vermuten, dass auch die „Community" die Organisation schwerpunktmäßig dem Level Grün zugeordnet hätte: „Wir bekommen so oft gesagt, dass wir immer ein offenes Ohr haben und für sie da sind!"
- Seit Gründung der Organisation vor rund zehn Jahren hat es wenig bis keine kulturelle Veränderung gegeben. Damals kam der finanzielle Erfolg praktisch von allein. Inzwischen hat sich der Markt jedoch insbesondere durch die Corona-Pandemie stark verändert. Training und Coaching sind digitaler, modularer und prozessualer geworden; darauf hat das Team bislang nur in Ansätzen reagiert.
- „Wir wissen, dass wir mehr Orange nötig haben, wenn es uns noch länger geben soll ...", sagt das Team von sich selbst. Bislang hatten sie jedoch den Eindruck, dass sie sich komplett verändern und um 180 Prozent drehen müssten, um „die Kuh vom Eis zu kriegen". Aber „dann wären wir ja nicht mehr wir ...". Die Auseinandersetzung mit den Kulturebenen und ihrem Kulturradar hat ihnen geholfen, zu erkennen, dass es gar nicht darum geht, Grün abzubauen, sondern Orange danebenzustellen: „Wenn das so ist, sind wir dabei!" Es braucht die grüne Kraft aus der Gemeinschaft, um mit Teamgeist zusätzliche orange ausgeprägte Elemente zu etablieren.

- Mit diesem neuen gemeinsamen Zielbild hat das Team bereits einen wichtigen ersten Schritt gemacht. Als tägliche Erinnerung an „mehr Orange“ stellte sich jedes Teammitglied nach dem Workshop einen Dagobert auf den Schreibtisch: eine kleine orange Designfigur mit einer Sprungfeder, die hüpft, wenn man auf ihren Kopf drückt. Namensgeber dafür war natürlich der reiche, „geldgeile“ Onkel Dagobert aus Disneys Entenhausen. Macht jemand etwas, das Dagobert im wahrsten Sinne des Wortes zum Hüpfen bringt, wird das im Team geteilt und gefeiert!

Das beispielhaft aufgeführte kleine Weiterbildungsunternehmen hat, wie der Kulturradar zeigt, eine überwiegend grüne Organisationskultur. Zwar fühlt sich das Team sehr wohl mit dem, was und wie sie zusammen sind. Es gibt allerdings wirtschaftliche Herausforderungen, weil im organisationalen Alltag „helfen“ über „wirtschaften“ gestellt wird. Über eine Auseinandersetzung mit ihrem Kulturradar erkennt das Team, dass es den notwendigen Kulturwandel in Richtung Orange zur gemeinsamen „grünen“ Sache machen kann.

4.3 Beispiel Blau: Wir lieben unsere Traditionen (noch ...)!

Während mit den vorherigen beiden Beispielen der Kulturradar von zwei Wirtschaftsunternehmen vorgestellt wurde, nehmen wir nun abschließend die Kultur einer ganz anderen Organisation in den Blick: einen Fliegerverein aus dem ländlichen Raum mit einer inzwischen fast 100-jährigen Geschichte.

- Das Ergebnisbild zeigt starke Ausprägungen auf den Leveln Purpur, Blau und Grün. Die zugehörigen Ringe sind fast vollständig flächig oder schraffiert ausgefüllt. Es gibt deutlich weniger ausgeprägte Elemente auf den Leveln Rot, Orange, Gelb und Türkis.

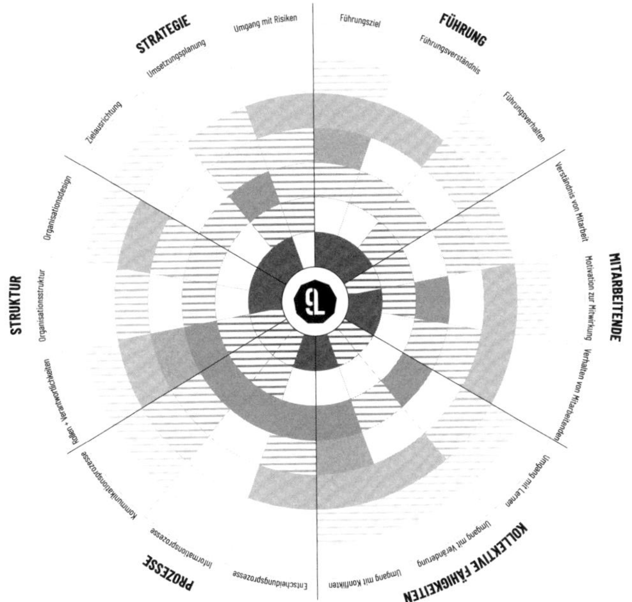

Abb. 7: Kulturradar eines Fliegervereins (farbige Abbildung unter www.9levels.com/kulturradar)

- Daraus ergibt sich ein kultureller Schwerpunkt auf den Leveln mit Wir-Orientierung. Sie zeichnen sich durch einen starken Fokus auf Gemeinschaft aus, die als wichtiger als ein unmittelbarer eigener Nutzen erachtet wird.

- Insgesamt ist die Kultur sehr heterogen – von den meisten Gestaltungselementen sind Facetten auf vier oder fünf Leveln gleichzeitig erkennbar. Dies ist häufig ein Indikator für eine Organisation mitten im kulturellen Wandel. Außerdem ist auffällig, dass zwar die Prozesse noch eher auf den Leveln Purpur und Blau eingeschätzt wurden, während Führung und Mitarbeitende (im Sinne von Organisationsmitgliedern) schon viele grün und gelb ausgeprägte Elemente aufweisen. Auch dies spricht für einen kulturellen Veränderungsprozess: Die Menschen gehen mit anderen Wertvorstellungen voran und passen dann Strategie, Struktur und Prozesse entsprechend an.

- Die Wir-Orientierung, der kulturelle Wandel und überhaupt der gesamte Kulturradar werden als sehr treffend empfunden. Der Verein ist einerseits geprägt von viel historischem Purpur: Viele Piloten und Pilotinnen bezeichnen sich als „Flugplatzkinder". In ihrer Kindheit vor einigen Jahrzehnten war die Familie das ganze Wochenende über am Flugplatz, Papa ist geflogen, Mama hat mit den anderen Damen Kaffee genossen, die Kinder haben gespielt und gewartet, bis der Vater wieder da war und das Feierabendbier getrunken hatte. Rituale wie „den Hosenboden versohlt bekommen" nach dem ersten Alleinflug werden nach wie vor gepflegt. Dennoch strebt der Verein aktuell eine Modernisierung an. Durch einen Vorstandswechsel sind viele „jüngere“ Mitglieder zwischen 30–50 Jahren in führende Rollen gekommen. Diese neue Fliegergeneration wünscht sich Austausch auf Augenhöhe statt alten „Heldengeschichten“. Sie wollen modernere Flugsicherheitsmethoden einführen und lieber Dienstleister beauftragen, als selbst zehn Pflichtstunden für den Verein im Jahr zu absolvieren.

- Es ist zu vermuten, dass eine Einschätzung der aktuellen Kultur je nach Mitglied unterschiedlich ausfällt. Klassischerweise wird die Kultur von den Mitgliedern, die noch am Gestern hängen, eher auf den Leveln Purpur und Blau liegen, weil sie diese Traditionen kennen und lieben. Die Mitglieder, die ihren Blick eher auf das Morgen richten, sehen zwar ebenfalls die purpurnen und blauen Elemente (auch weil sie sich möglicherweise daran besonders stören), nehmen aber auch die kulturell neueren Elemente wahr, weil sie den Wandel befürworten und antreiben möchten.

- Ziel ist, die Kultur noch stärker weg von Purpur und in Richtung Grün zu bewegen. Dafür wird es einigen „roten“ Mut und ebensolche Entscheidungen brauchen – vermutlich wird nicht jeder diesen Wandel begeistert mittragen.

- Um den bereits eingeschlagenen Weg erfolgreich weiterzugehen, könnte es z. B. hilfreich sein, in einem für alle offenen und übergreifenden Zukunftsworkshop gemeinschaftliche Klarheit zu erarbeiten, wie die Kultur des Vereins künftig aussehen soll, um – gemäß des Vereinsleitbilds – zufrieden, sicher und mit Freude gemeinsam zu fliegen.

Nicht nur Unternehmen, auch andere Organisationen haben ihre ganz eigene Kultur – wie das Beispiel des Fliegervereins zeigt. Der Kulturradar zeigt eine starke Wir-Orientierung mit vielen Gestaltungselementen, die gemäß der Level Purpur, Blau und Grün ausgeprägt sind. Dies drückt gut die aktuelle Entwicklung von der „alten Fliegerschule" hin zu „neuem Wind im Verein" aus. Dieser kulturelle Wandel hin zu moderneren Ansätzen könnte durch einen Zukunftsworkshop weiter gefördert werden, um in Zukunft „zufrieden, sicher und mit Freude gemeinsam fliegen" zu können.

4.4 Es kommt auf die Passung an!

„Ab morgen haben wir hier eine orange Organisationskultur, strengt euch gefälligst mal an!" So hilfreich es manchmal wäre – kein Chef und keine Chefin der Welt kann sich hinstellen und Organisationskultur direkt verändern. Auch wenn wie im Beispiel des kleinen Weiterbildungsunternehmens (Kapitel 4.2) und des Fliegervereins (Kapitel 4.3) ein starker Wunsch nach Kulturveränderung besteht – Werte und Kultur sind, wie Sie inzwischen wissen, im Kern ein implizites Gestaltungselement von Organisationen. Sie ergeben sich erst aus der Ausformung der expliziten Gestaltungselemente heraus.

Ein Bewusstsein für die aktuelle Kultur zu schaffen – z. B. über einen Kultur-Workshop, bei dem gemeinschaftlich ein Kulturradar erstellt wird – ist ein wichtiger erster Schritt. In einem zweiten Schritt braucht es zusätzlich eine Anpassung der expliziten Gestaltungselemente. Sie dienen als Hebel, um Organisationskultur tatsächlich nachhaltig zu verändern. Der Fachbegriff hierfür ist „Coping", vom englischen Verb „to cope with" („etwas bewältigen"). Wir Menschen neigen dazu, auch wenn wir etwas noch so sehr wollen, doch immer wieder in alte Muster zurückzufallen. Die jedes Silvester neu gefassten Neujahrsvorsätze sind ein gutes Beispiel dafür – nur wenigen gelingt es tatsächlich, sich z. B. auch langfristig gesünder zu ernähren und/oder mehr Sport zu treiben.

Anders sieht es aus, wenn uns die Umstände zu etwas zwingen, wir also eine neue Situation bewältigen müssen. Die Corona-Pandemie ist ein gutes Beispiel dafür, wie Coping zunächst zu einer Verhaltens- und in vielen Fällen auch einer Kulturveränderung mit ganz neuen Formen von Zusammenarbeit geführt hat. Die Tatsache, dass viele Mitarbeitende im Jahr 2020 ihren Arbeitsplatz quasi von heute auf morgen ins eigene Zuhause verlegen mussten, hat nicht nur zu veränderten Informations- und Kommunikationsprozessen geführt, sondern vielfach auch zu einem veränderten Verständnis von Zusammenarbeit selbst, das heute z. B. mit einer deutlich stärkeren Flexibilisierung von Arbeitszeit und Arbeitsort einhergeht.

Vielleicht ahnen Sie durch Ihr kulturell geschärftes Bewusstsein nun, warum die Belegschaft jetzt, nach Pandemie-Ende, nicht einfach wieder zurück ins Büro geht: Zu dem, was früher normal war, gibt es heute keine ausreichende Passung mehr. Es braucht einen neuen, kulturell stimmigen Weg zur Gestaltung neuer Lösungen für Arbeitsorganisation und Zusammenarbeit:

- Ganz im Sinne des Gestaltungselements „Entscheidungsprozesse" wäre im Rahmen einer Kultur mit vielen blauen Facetten möglicherweise eine „Aufgabenkritik" ein passendes Vorgehen. In einem Original-Dokument aus einem Landratsamt heißt es hierzu: „Unter einer Aufgabenkritik versteht man die Überprüfung der wahrgenommenen Aufgaben im Hinblick auf die Fragestellung, ob die Aufgabe weiterhin wahrgenommen werden muss und die Art der Aufgabenwahrnehmung sachgerecht ist. Im ersten Schritt wird dazu der Aufgabenkatalog mithilfe der Zweckkritik bereinigt und im zweiten Schritt eine Vollzugskritik durchgeführt."

- In einer stark von Orange geprägten Kultur bräuchte es hingegen keinen Prozess, bei dem erst am Ende eine Entscheidung steht. Stimmiger wäre pragmatisches Loslegen mit einer eigenverantwortlichen Vereinbarung, z. B. im Sinne von „2 Tage Anwesenheit im Büro mit individueller Entscheidung, an welchen Tagen". Dazu ein kontinuierliches Tracking und weiteres Optimieren, bis die sachlich beste Lösung gefunden ist.

- Auf dem Level Grün wiederum wäre eine gemeinschaftliche Entscheidungsfindung der kulturell stimmigste Weg, beispielsweise über Umfragen, Diskussionen und Abstimmungen. Hier würde die individuelle Zufriedenheit der Mitarbeitenden immer höher gewertet werden als die Maßnahme, die für die Organisation rational am zielführendsten wäre. Dies könnte auch dazu führen, dass z. B. die Erreichbarkeit für Kunden „ab 8 Uhr“ um zwei Stunden nach hinten verschoben wird, damit mehr Raum da ist, um die Arbeitszeit mit der individuellen Lebensorganisation in Einklang zu bringen.

Alle drei Ansätze haben für sich genommen das Potenzial, Erfolg versprechende Interventionen zu sein. Möglicherweise braucht es auch eine Kombination der Herangehensweisen. Entscheidend bei allen Maßnahmen zur Weiterentwicklung von Organisationen ist: Keine ist an sich besser oder schlauer – es muss einfach kulturell passen!

Aus dem Vergleich verschiedener Kulturradar-Ergebnisbilder können allgemeine Prinzipien der Beschreibung und Entwicklung von Organisationskultur abgeleitet werden.

- Die Beispiele des Automobilzulieferers und des Weiterbildungsunternehmens lassen darauf schließen, dass bei einem klaren Schwerpunkt auf einem Level diese Werte auch im gelebten Alltag in der Organisation deutlich wahrnehmbar sind und sich in Artefakten und öffentlich vertretenen Werten zeigen.
- Ein heterogenes Ergebnisbild ist hingegen ein Indikator dafür, dass sich die Organisation in einer Phase der Umorientierung und Veränderung befindet.

- In jedem Fall braucht es eine solche Visualisierung und Reflexion der IST-Kultur, um den kulturellen Veränderungsbedarf einer Organisation zu identifizieren und abzuleiten, ob und welche Anpassung der Gestaltungselemente in welche Richtung hilfreich für die Bewältigung anstehender Herausforderungen wäre.
- Damit diese Veränderung gelingen kann, müssen die Interventionen kulturell anschlussfähig sein – es kommt auf ihre Passung zur IST-Kultur an, damit sie eine gangbare Brücke zur SOLL-Kultur bilden können!

Fast Reader

1. Bedeutung von Organisationskultur

Kultur hat Studien zufolge einen großen Einfluss auf den Erfolg von Organisationen und ist daher heute fester Bestandteil der Managementtheorie und -praxis. Sie umfasst nach Edgar Schein sichtbare und verborgene Aspekte:

- Artefakte: Alle Organisationselemente, die eindeutig sinnlich erfahrbar und beschreibbar sind.
- Öffentlich vertretene Werte: Wie eine Organisation sich selbst darstellt und was sie als wichtig und erstrebenswert präsentiert.
- Grundlegende Annahmen: Die unbewussten Werte und Überzeugungen, die das Denken und Handeln in der Organisation prägen.

Eine Kultur an sich ist nie richtig oder falsch, sondern immer nur mehr oder weniger passend zu den internen und externen Herausforderungen einer Organisation. Um ihren Erhalt und Erfolg zu sichern, bedarf es einer kontinuierlichen Reflexion und Anpassung der Organisationskultur.

2. Ebenen von Organisationskultur

Das weltweit bekannte und anerkannte Modell der Werteebenen nach Clare W. Graves hilft, Kultur und ihre Aspekte in einem übergeordneten Rahmen zu verorten, zu vergleichen und auf Passung zu überprüfen. Jedes Level beinhaltet kennzeichnende Werte, die auf dieser Ebene als richtig und wichtig angesehen werden:

- Purpur: Zugehörigkeit, Tradition, Sicherheit
- Rot: Ansehen, Macht, Autonomie
- Blau: Ordnung, Konformität, Loyalität
- Orange: Leistung, Status, Eigenverantwortung
- Grün: Gemeinschaft, Harmonie, Toleranz
- Gelb: Selbstverwirklichung, Akzeptanz, Ganzheitlichkeit
- Türkis: (Ur-)Vertrauen, Demut, Erleben

Die Entwicklung dieser Kulturebenen folgt einem konkreten Muster von Purpur nach Türkis, bei dem sich Level mit gemeinschaftlichem Fokus (Purpur, Blau, Grün, Türkis) mit selbstbezogenen Ebenen (Rot, Orange, Gelb) abwechseln. Zwar lassen sich Organisationen nicht eindeutig einer dieser Kulturebenen zuordnen, sondern weisen unterschiedliche Elemente verschiedener Level auf. Dennoch gibt es meist einen kulturellen Schwerpunkt auf einer Ebene.

Mit der Kenntnis der Werteebenen werden kulturelle Entwicklungen der Vergangenheit erklärbar, Gegenwärtiges verstehbar und Zukünftiges absehbar.

3. Beschreibung von Organisationskultur

In Anlehnung an das 7-S-Modell nach Peters/Waterman gibt es sechs explizite Gestaltungselemente von Organisationen. Jedes Gestaltungselement differenzieren wir noch einmal in drei Unterelemente:

- Führung: Führungsziel, Führungsverständnis, Führungsverhalten
- Mitarbeitende: Verständnis von Mitarbeit, Motivation zur Mitwirkung, Verhalten von Mitarbeitenden
- Kollektive Fähigkeiten: Umgang mit Lernen, Veränderung und Konflikten
- Prozesse: Entscheidungs-, Informations- und Kommunikationsprozesse
- Struktur: Rollen und Verantwortlichkeiten, Organisationsstruktur, Organisationsdesign
- Strategie: Zielausrichtung, Umsetzungsplanung, Umgang mit Risiken

Je nach Kulturebene können diese Gestaltungselemente sehr unterschiedlich ausgeprägt sein. Der Kulturradar als Tool zur Kulturanalyse verbindet beide Ansätze. Mit 18 Gestaltungselementen, 7 Leveln und drei Ausprägungsgraden (nicht vorhanden, teilweise vorhanden, vollständig vorhanden) ergeben sich insgesamt 378 Einschätzungsmöglichkeiten für Organisationskultur. Das Ergebnisbild ist wie ein kultureller Fingerabdruck und visualisiert Schwerpunkte und Muster der Ausprägungen.
Die bildliche Darstellung der IST-Kultur mit dem Kulturradar ermöglicht eine umfassende Reflexion, die Identifikation von Kulturveränderungsbedarf sowie die Ableitung von Maßnahmen mit möglichst großer Hebelwirkung in diese Richtung.

4. Beispiele für Organisationskultur

Anhand konkreter Kulturradare verschiedener Organisationen lassen sich allgemeine Prinzipien für die Analyse und Reflexion von Ergebnisbildern veranschaulichen:

- Ein homogenes Ergebnisbild ist ein Indikator dafür, dass der kulturelle Schwerpunkt im organisationalen Alltag deutlich spürbar ist.
- Ein heterogenes Ergebnisbild lässt vermuten, dass sich die Organisation in einer Phase der Umorientierung und Veränderung befindet.
- Ein Level wird vermutlich dann reif und erfolgreich gelebt, wenn die zugehörigen Gestaltungselemente einen soliden „Unterbau" mit Elementen von weiter innen im Kulturradarkreis liegenden Leveln aufweisen.
- Fehlt dieser Unterbau, spricht dies für die Hypothese, dass sich das Level nicht in voller Reife manifestiert und an sich selbst scheitert, statt sein volles Wirksamkeitspotenzial für die Organisation zu entfalten.
- Ist die Strategie kulturell auf einem höheren Level ausgeprägt als die anderen Gestaltungselemente, deutet das auf einen großen Veränderungsdruck der Organisation hin.

Um Organisationen kulturell zu verändern, sollte in einem ersten Schritt ein Bewusstsein für die IST- und SOLL-Kultur geschaffen werden. Darüber hinaus bedarf es einer Anpassung der expliziten Gestaltungselemente in die gewünschte Richtung. Wenn diese Intervention kulturadäquat gestaltet wird, kann die Veränderung gelingen!

Autor und Autorin

Rainer Krumm, Geschäftsführer der axiocon GmbH, ist Managementtrainer, Berater, Coach und Autor. In über 23 verschiedenen Ländern hat er internationale Unternehmen, Führungskräfte und Teams begleitet, beraten, trainiert und gecoacht. Er gilt als einer der erfahrensten internationalen Berater und Trainer im Bereich Unternehmenskultur und Change Management – basierend auf der Entwicklungspsychologie von Prof. Clare W. Graves. Mit dem Modell der 9 Levels hat er ein Analysetool entwickelt, welches Wertesysteme bei Personen, Gruppen und Organisationen greif- und messbar macht.

Sonja Wittig ist Geschäftsführerin von 9 Levels und Mitinhaberin des Instituts für Persönlichkeit. Als Trainerin, Teamentwicklerin und Beraterin mit langjähriger Erfahrung im HR-Management unterstützt sie Einzelpersonen, Teams und Organisationen mit wertebasierten Interventionen bei ihrer Zielerreichung. Sie ist eine der erfahrensten 9-Levels-Beraterinnen weltweit und bildet auch andere für die Anwendung der 9 Levels in der Praxis aus.

www.9levels.com

Quellen

1 https://www.manager-magazin.de/karriere/unternehmenskultur-zahlt-sich-aus-studie-von-heidrick-consulting-a-4b6eb843-96a1-4b8d-8205-41218ead499c, abgerufen am: 26.11.2023

2 https://www.trigema.de/unternehmen/ueber-uns/, abgerufen am: 12.11.2023

3 https://www.presserat.de/ruegen-presse-uebersicht.html, abgerufen am:06.12.2023

4 https://media.kienbaum.com/wp-content/uploads/sites/13/2019/05/New_Kienbaum_Studie_Organigramm_deutscher_Unternehmen_2017_1s.pdf, abgerufen am: 08.12.2023

5 https://www.aboutamazon.de/news/arbeiten-bei-amazon/unsere-leadership-principles, abgerufen am: 08.12.2023

6 https://www.dm.de/unternehmen/unternehmenszahlen, abgerufen am 08.12.23, abgerufen am: 08.12.2023

7 https://www.holacracy.org/constitution/5-0/

8 https://www.patagonia.com/ownership/, abgerufen am: 08.12.2023

Weiterführende Literatur

Abu Mahfouz, M.; Muhumed, D. A. (2020): Linking organizational culture with financial performance. Bussecon Review of Social Sciences (2687-2285), 2(1), 38-43.

Beck, Don E. et al.: Spiral Dynamics in der Praxis. Der Mastercode der Menschheit. Bielefeld: Kamphausen, 2019

Boyce, A. S. et al. (2015): Which comes first, organizational culture or performance? A longitudinal study of causal priority with automobile dealerships. Journal of Organizational Behavior, 36(3), 339-359.

Heidrick & Struggles (2021): Aligning Cultures with the Bottom Line: How Companies Can Accelarate Progress; https://www.heidrick.com/-/media/heidrick-com/publications-and-reports/aligning-culture-with-the-bottom-line.pdf

Krumm, Rainer: 30 Minuten Werteorientiertes Führen. GABAL, 3. Auflage, 2014

Krumm, Rainer; Wittig, Sonja: 30 Minuten Teamkultur. GABAL, 1. Auflage, 2020

Schein, Edgar H.: Organisationskultur. The Ed Schein Corporate Culture Survival Guide. E H P, 2003

Waterman, Robert H.: Structure Is Not Organization. Business Horizons, June 1980, 14-26.

Wittig, Sonja; Brand, Markus; Krumm, Rainer (Hrsg.): Werte messen, Change erfolgreich gestalten. 21 Praxisbeispiele mit den 9 Levels of Value Systems®. GABAL, 1. Auflage, 2020

Register